21世纪高等学校本科实验教学示范教材

食品工程综合实验

Shipin Gongcheng Zonghe Shiyan

主　编　周　雁　傅玉颖

浙江工商大学出版社

图书在版编目(CIP)数据

食品工程综合实验 / 周雁,傅玉颖主编. — 杭州:浙江工商大学出版社,2009.5(2015.8 重印)

21 世纪高等学校本科实验教学示范教材

ISBN 978-7-81140-059-5

Ⅰ.食… Ⅱ.①周…②傅… Ⅲ.食品工程学—实验—高等学校—教材 Ⅳ.TS201.1-33

中国版本图书馆 CIP 数据核字(2009)第 066571 号

食品工程综合实验

周 雁 傅玉颖 编著

责任编辑 刘 韵
责任校对 张振华
封面设计 流 云
责任印制 包建辉
出版发行 浙江工商大学出版社
(杭州市教工路 198 号 邮政编码 310012)
(E-mail:zjgsupress@163.com)
(网址:http://www.zjgsupress.com)
电话:0571-88904980,88831806(传真)
排 版 杭州大漠照排印刷有限公司
印 刷 浙江云广印业股份有限公司
开 本 787mm×960mm 1/16
印 张 9.75
字 数 159 千
版 印 次 2009 年 5 月第 1 版 2015 年 8 月第 3 次印刷
书 号 ISBN 978-7-81140-059-5
定 价 17.00 元

总 序

21世纪的高等教育，不仅要使学生掌握丰富的理论知识，更应注重创新能力和综合素质的培养。实验教学作为一种重要的教学手段，对培养学生的创新能力、提高学生的综合素质起到不可替代的重要作用。通过实验教学，可以使学生加深对理论知识的理解和巩固，提高学生的实践动手能力，改善学生单一的思维方式，增加学生发现问题和解决问题的途径，培养学生独立研究和创新思考的意识，从而达到创新人才培养的目标。

如何才能确保实验教学的质量？我们认为教材建设是关键，高质量的实验教学首先要有高质量的实验教材。一本好的实验教材，不但可以让学生易于从中弄懂所学知识，更能引起学生学习的兴趣，引导他们走上理论联系实际之路，培养他们深钻细研之精神。当然，实验教材有自己的特点，因为实验教学在形式上相对独立，在体系上相对灵活。目前，实验教学大致有两种类型：一是独立设课的实验教学，二是课内附设的实验教学。从总体上看，我国本科高等教育的实验教材建设还相对滞后，尤其是课内附设的实验教学通常没有规范的教材，只有一些自编的实验指导书，难以充分体现实验教学对理论教学的支撑作用。针对这种情况，我们在调查研究和反复论证的基础上，组织长期从事实验教学的有关教师编写了一套"21世纪高等学校本科实验教学示范教材"丛书。我们希望通过这套实验教材的出版，能对实验教学的规范化起到引导作用，对实验教学质量的提高起到推动作用。

本丛书包括：《法律技能综合实训》、《环境工程综合实验》、《现代物流综合实验》、《食品工程综合实验》、"文科类专业综合实验系列"（含《统计基础实验》、《财务会计实验》、《工商管理实验》、《公共管理实验》、《出口贸易实验》、《旅游管理实验》、《金融基础实验》、《现代传播实验》等分册）。本丛书力求将专业理论知识通过实验项目的设计，变为学生可以亲身感受的体会，达到活学活用、提高综合素质的目的。

"21世纪高等学校本科实验教学示范教材"，是依托我校优势学科和特色专业，在总结多年实验教学经验的基础上，精心设计、编写而成，希望能够起到抛砖引玉的作用。由于水平所限，不足乃至谬误在所难免，敬请读者批评指正，以便再版时予以更正，共同推进实验教材质量不断提高。

李金昌

2008年12月于浙江工商大学

前　言

“民以食为天”。在今天,食品工业更是与人们的生活密切相关,是我国国民经济的重要产业之一,也是人类永恒不衰的工业。高等学校作为科技人才的培养基地,相关专业学生全面学习和了解食品工程、食品工艺学等知识,掌握实践加工技能,可以更好地为食品工业输送科研、生产和管理人才,从而进一步促进我国食品工业健康持续的发展。

近年来,随着高校招生急剧增加,毕业生就业形势严峻,生产企业对专业人才需求门槛越来越高。有鉴于此,我们需要改革教学内容,以适应时代之需。本书编者在食品领域从事了多年的教学研究工作,积累了第一手食品工程和食品工艺学实验的素材,以此为本教材的编写基础。本实验教材的特点是:着重突出食品工程的实验内容,并介绍畜产食品、水产食品、农产食品、园产食品和嗜好食品的加工工艺方法,涵盖了食品制作原理、工艺流程、实用配方等内容,以及介绍了可供实际操作的机械设备。注重学生的实际动手操作能力,进行实践训练,力求做到简单易行、通俗易懂、实用性强、新技术信息量大。本书对从事食品行业的教学、科研、生产和新产品开发也具有一定的指导作用,可作为食品工程、农副产品加工等领域的从业人员的参考资料,也可作为其他高等院校相关学科的实验教材和参考书。

本书由浙江工商大学食品与生物工程学院教师编写,全书共分为六章;傅玉颖老师、陈杰老师、张广源老师编写第一章,孟岳成老师编写第二章,宋广磊老师编写第三章,周雁老师编写第四章,修丽丽老师编写第五章,江美都老师编写第六章。全书最后由周雁老师、陈杰老师负责校对、总纂。

由于编写时间较为仓促,加上食品加工工艺不断发展与更新,各编写人员写作风格差异等诸多因素,书中难免会有差错及疏漏之处,恳请广大读者批评指正。

在本书出版过程中,浙江工商大学出版社给予了积极的支持,在此谨表感谢。

编　者

2009 年 2 月

目　录

绪　论

人类以农、林、牧、副、渔业的动植物为原料，通过家庭烹调和手工作业从事食品加工已延续了许多世纪之久，但食品工业的出现仅仅是百来年的事。作为一个直接关系国计民生的支柱产业，近几十年来食品工业发展很快。长期以来一直以传统工序与人为经验作为生产方式的食品工业，正逐渐被规模化、自动化、连续化的生产线所替代。进入21世纪后，这种在食品工业上的革命仍会继续进行下去。虽然化工单元操作被引入食品加工领域为时较晚，但一经引入和运用，即使得食品加工变得科学化。例如，以牛乳为原料制造蛋白质制品的现代化工程就是具体运用这些化工单元操作的典型成果。其生产过程是由离心分离、沉降、浓缩、干燥等单元操作科学而巧妙地组合而成的食品工程。

食品工业包含很多门类，因此不同类别的产品均可形成一门自身的工艺学，如畜产食品加工工艺学、水产食品加工工艺学、农产食品加工工艺学、园产食品加工工艺学和嗜好食品加工工艺学等等，这对于每一个从事具体产品加工的人来说，是很难全面深入地涉及其他产品的加工，但必须学习掌握一些通用过程的基本原理、基本方法，例如干燥、冷藏、均质、焙烤、发酵、挤压膨化、保鲜、杀菌等。

食品工程综合实验是依据科学的生产工艺、先进的工程设备，研究食品的原材料、半成品和成品的加工过程和方法。要使生产工艺先进，就需要了解和掌握技术参数对加工制品品质的影响，实际上就要摸索加工条件与食品物化、生物学特性之间的关系，这就需要切实掌握食品工程原理、生物化学、食品化学和微生物学方面的基础知识。在这个基础上，才能将加工过程中发生的变化和工艺技术参数联系到一起，主动地进行调控，以达到工艺技术的高水准。同时，需要了解有关过滤、传热、干燥、渗析等单元操作过程的一般原理，结合工程设备和生产工艺，以达到产品生产的规模化、现代化。

本书由两大内容体系构成，即第一章的食品工程原理实验部分，其中包含单元操作和食品加工高新技术。第二章至第六章为食品工艺学实验部分，其中包含了畜产、水产、农产、园产和嗜好食品等五类食品工艺实验。

食品工程原理实验主要研究各单元操作的基本原理、典型设备的构造、工艺尺寸的计算、选型及实验研究方法等。学习的任务是：掌握主要单元操作的基本规律，熟悉所用设备的工作原理、性能等，培养学生运用基本原理，分析和解决生产操作中遇到的各种实际工程问题的能力。该实验课与课堂教学内容同步进行，即课堂教学的有关内容结束后，紧跟与之相关的实验课。通过该课程的实验，加强学生对有关基本原理的理解和掌握。因此，实验教学是食品工程原理教学环节中重要的一环。

而食品工艺学实验则以加工原理为主线，研究食品加工中的原材料性质与加工产品之间的关系，各类加工食品的工艺操作和控制，加工产品在加工和贮运中的质量变化和控制措施，开发新型食品种类，推动食品产业化的发展。全部实验采用设计性、综合性的形式，从原料选择、配方制定、工艺优化、设备选择到产品包装、微生物指标和理化指标测定及经济核算等一系列过程均由学生自己独立完成。使学生了解和掌握从原料到成品食品产品的设计与开发、不同加工手段或工艺对食品质量和经济技术指标的影响等，充分锻炼学生的实践动手能力，培养学生分析问题、解决问题和创新的能力。

作为食品科技人员，了解和掌握现代化生产过程的设计、控制和操作是一项必备的技能。本教材就要求学生运用各种工艺技术，分析解决工程设计和生产操作中的实际工作问题，以培养学生的实践能力和工程意识。使学生在学习食品专业课程后，通过综合实验，熟悉不同食品原料的物理、化学性质和加工特性，掌握一般食品的加工方法，提高专业实验技能，完成课堂教学所涉及典型食品的制作，最终达到能独立设计某一产品的工艺流程和配方。并了解常用设备的用途和使用方法，初步具有从事生产操作和开发新技术、新产品的能力。

第一章　食品工程原理实验

实验一　管道流体阻力测定

一、实验目的

1. 掌握测定管道流体流动阻力的一般实验方法。

2. 测定直管阻力 H_f 和直管摩擦系数 λ 及阀门全开时的局部阻力和局部阻力系数 ξ。

3. 验证在一般湍流区内 λ 与 Re(以 $DN40$ 管道计)的关系曲线。

二、实验原理

不可压缩流体在直管内作稳定流动时，由于粘滞性而产生摩擦阻力，即直管阻力。流体在流经弯管、阀门等管件时，由于流速及其方向的变化而产生局部阻力。在湍流状态下，管壁的粗糙度也影响流体阻力。通常流体阻力用流体的压头损失或压力降表示，并可用实验方法直接测定。

1. 直管阻力 H_f 及直管摩擦系数 λ。

直管阻力 H_f 及直管摩擦系数 λ 的关系为：

$$H_f = \lambda \cdot \frac{l_1}{d} \cdot \frac{u^2}{2} \quad [\text{J/kg}] \tag{1-1}$$

式中：l_1—直管阻力测试长度，本实验中 $l_1 = 1.0\text{m}$；

d—阻力测试管内径，本实验中 $d_1 = 0.027\text{m}$；

u—流体在管内的流速，[m/s]。

流体以一定的速度流过内径为 d、长度为 l 的直管所产生的直管阻力 H_f 可用 U 型差压计测得。若已测得差压计读数为 R_f(cm)，根据柏努利方程(本实验中 $\frac{\Delta u^2}{2}=0$，$\Delta z=0$)及流体静力学原理可得：

$$H_f = \frac{\Delta p}{\rho} = \frac{\rho_{示} - \rho}{\rho} \cdot R_f \cdot g \times 10^{-2} \quad [J/kg] \tag{1-2}$$

式中：$\rho_{示}$—指示液的密度（四氯化碳），[kg/m^3]；

ρ—流体（水）的密度，[kg/m^3]；

R_f—差压计读数，[cm]；

g—重力加速度，g=9.807[m/s^2]。

流体的流速 u 可由孔板流量计两边引出的差压计读数 R(cmHg)，按下式求取：

$$u = aR^n \quad [m/s] \tag{1-3}$$

式中 a 和 n 值由实验测定提供。

由式(1-1)、式(1-2)、式(1-3)可得：

$$\lambda = \frac{2dH_f}{l_1 u^2} \tag{1-4}$$

而雷诺数

$$Re = \frac{du\rho}{\mu} \tag{1-5}$$

式中：μ—流体（水）的粘度，[Pas]。

若已测得流体（水）的操作温度 t，查取 ρ、μ，再根据一对 $H_f \sim u$ 值，由式(1-4)、式(1-5)便可求得一对 $\lambda \sim Re$ 值。因而，在不同流速下，可得到一系列 $\lambda \sim Re$ 值，标绘在双对数坐标纸上，即可得到 $\lambda \sim Re$ 关系曲线。

2. 局部阻力 H_f' 及局部阻力系数 ζ

局部阻力 H_f' 与局部阻力系数 ζ 的关系为：

$$H'_f = \zeta \cdot \frac{u^2}{2} \quad [J/kg] \tag{1-6}$$

管件的局部阻力可由U型差压计测取，但因管件所引起的流速大小和方向的变化而产生的旋涡，需要在相当长的直管内才能消除，故只能先测定包括被测管件在内的一段直管 l_2 的总阻力 ΣH_f，然后减去这段直管 l_2 的直管阻力 H_{f1}，就可得管件的局部阻力 H_f'。

$$H_f' = \Sigma H_f - H_{f1} = \Sigma H_f - H_f \frac{l_2}{l_1} \tag{1-7}$$

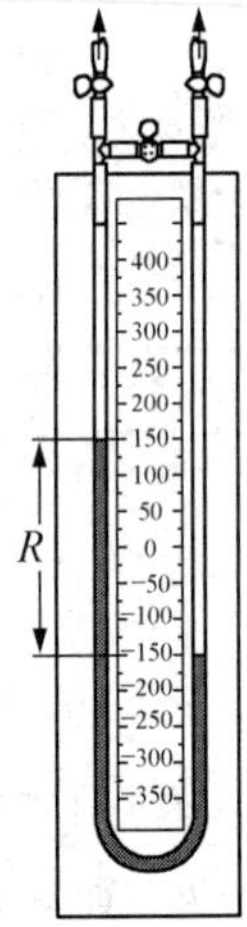

图1-1　差压计连接示意图

若已测得包括管件在内的差压计读数为 R_f'(cmHg)，利用式(1-2)可得：

$$\Sigma H_f = \frac{\rho_{示} - \rho}{\rho} \cdot R_f' \cdot g \times 10^{-2} \quad [J/kg]$$

于是由式(1－3)、式(1－6)、式(1－7)得：

$$\zeta = \frac{2H'_f}{u^2} \tag{1-8}$$

通过实验测得不同流速 u 下对应的 H_f' 值，利用式(1－8)便可算出不同 Re 下的 ζ 值。ζ 值与管件的几何形状及流体的 Re_1 有关。但当 Re 大到一定值后，ζ 与 Re 无关，为一定值。

三、实验装置及流程

1. 本实验有两套相同装置，其流程示意如图 1－2 所示。每套装置上设有两根 $DN25$(管道规格 φ33.5×3.25)测试管路用来测定流体阻力，各装有 $DN25$ 孔板。流体(水)经离心泵输送至管路，并由管路出口处的调节阀 5 调节流量。

2. 管路上设置三组 U 型差压计，每组差压计用水银—水或四氯化碳—水差压计，分别用来测定孔板、直管阻力和管件总阻力的静压差。从测压孔引出的高低压管间有平衡阀相连。

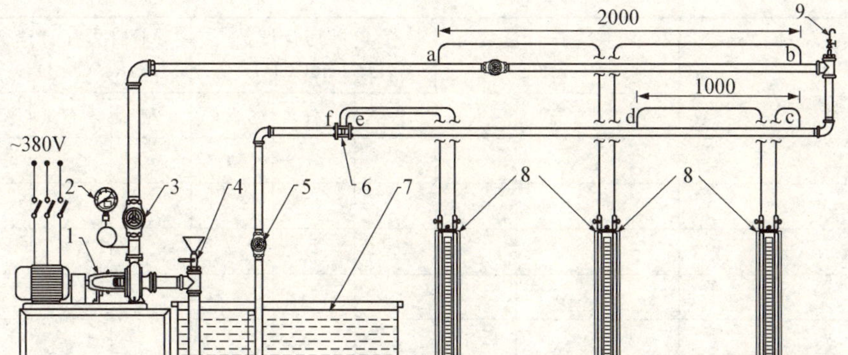

1. 离心泵　2. 压力表　3. 出口阀　4. 引水口　5. 截止阀　6. 孔板流量计
7. 水槽　8. U 型差压计　9. 排气口　10. 底阀　11. 排污口

图 1－2　流体阻力测定实验装置流程示意图

四、实验操作步骤和注意事项

1. 先给泵引水，关闭泵出口阀，然后启动泵。打开泵出口阀至全开，被测截止阀 5 始终全开。

2. 排除管路系统内积存的空气，为此全开各管路的阀门及差压计的 a、b、c 阀，排尽系统和引压管线中的空气，然后关闭截止阀 5，并关闭各 U 型差压计上的平衡阀 c，如果差压计读数为零时，则表示系统内空气已排尽；若差压计读数不为零，则需重新排气。

3. 测量数据，整个实验测取 6 组～8 组数据，要求实验点分布均匀，从最大流量做起（调节阀门 5 来改变流量），调小流量时，孔板流量计的压差读数 R 每次均较前次减少三分之一。

4. 打开差压计平衡阀 c、关闭出口流量调节阀，关闭泵，结束本实验。

五、实验原始数据记录表

表 1－1　实验(一)原始数据记录表

＿＿＿＿＿＿专业 ＿＿＿＿＿＿ 班级＿＿＿＿＿＿组，实验日期＿＿＿＿＿＿＿＿

第＿＿＿＿套装置，同组实验者＿＿＿＿＿＿＿＿＿＿＿＿＿＿＿＿＿＿＿＿＿＿

$a=$＿＿＿＿，$n=$＿＿＿＿，$l_1=$＿＿＿＿m，$l_2=$＿＿＿＿m，

管道内径 $d=$＿＿＿＿m，流体(水)平均温度 $t=$＿＿＿＿℃，

项目 / 序号	流量差压计读数 R(cmHg)			直管差压计读数 R_f($cmCCl_4$)			管件差压计读数 R_f'(cmHg)		
	左	右	R	左	右	R	左	右	R
1									
2									
3									
4									
5									
6									
7									
8									
9									
10									

六、思考题

1. 测得水银—水差压计的读数为 R_f(mHg)，请证明 R_f 与阻力的关系为：

$H_f = 12.6R_f \cdot g$[J/kg]。

2. 紧靠孔板流量计前后测得的差压，是否代表流体通过流量计的永久阻力损失？为什么？

3. 实验装置各压差计上的"平衡阀"(旁通阀)有何作用？在什么状况下进行开启或关闭操作？

4. 如何检验实验装置中的空气已经排尽？

5. 根据管道流体阻力测定的读数，列举 1 米直管在某一流量下的阻力 H_f 和摩擦系数 λ；在某一流量下的局部阻力 H_f' 和局部阻力系数 ζ 的计算过程，并提供数据完整的实验结果表及用双对数坐标绘制一般湍流区内 $\lambda \sim Re$、$u \sim R$ 关系曲线。

实验二　过滤实验

一、实验目的

1. 了解和掌握板框压滤机的结构和操作原理。

2. 熟悉压滤操作的全过程，包括组装、过滤、洗涤(吹气)、去渣、洗净等实际操作。

3. 测定恒压过滤时板框压滤机的过滤常数 K、Ve 及 θe。

二、实验原理

过滤是分离液—固悬浮液的机械过程。利用能通过液体而截留固体粒子的多孔滤膜(或滤布)，阻挡悬浮液中的固体悬浮粒子。在滤膜(滤布)两边压强差的作用下，液体通过滤膜，而固体粒子积存在滤膜(滤布)上，形成滤渣层。

过滤设备的生产能力用过滤速率来表示，过滤速率是单位时间内通过单位过滤面积的滤液体积。影响过滤速率的基本因素为：压强差、滤渣厚度、悬浮液的性质及液体的粘度等。

$$\text{过滤速率：} U = \frac{dV}{Ad\theta} = \frac{Ap^{(1-s)}}{\mu \cdot r \cdot C(V + Ve)} = \frac{Ap^{(1-s)}}{\mu \cdot r' \cdot C'(V + Ve)} \quad [\mathrm{m^3/m^2 s}] \tag{2-1}$$

式中：V—滤液体积[$\mathrm{m^3}$]；

Ve—过滤介质的当量滤液体积[$\mathrm{m^3}$]；

θ—过滤时间[s]；

A—过滤面积[$\mathrm{m^2}$]；

p—过滤压力(表压)[Pa];

μ—滤液粘度[Pa·s];

r—滤渣比阻[m^{-2}];

r'—滤渣比阻[m/kg];

C—单位滤液体积的滤渣体积[m^3/m^3];

C'—单位滤液体积的滤渣质量[kg/m^3];

s—滤渣压缩性系数,本实验中 $CaCO_3$ 滤渣 $s=0.19$。

当过滤在恒压下操作时,p 为常数,对于一定悬浮液,在工作温度一定下,μ、r、C 也为常数,则令:

$$K=\frac{2p^{(1-s)}}{\mu\cdot r\cdot C}(m^2/s)$$

代入式(2-1)得:

$$(V+Ve)dV=\frac{1}{2}KA^2d\theta \tag{2-2}$$

将(2-2)式分离变量积分并加以整理得:

$$\int_{Ve}^{V+Ve}(V+Ve)d(V+Ve)=\frac{1}{2}KA^2\int_0^{\theta}d\theta \tag{2-3}$$

即:

$$V^2+2VVe=KA^2\theta \tag{2-4}$$

将式(2-3)的积分极限改为从0到 Ve 和从0到 θe,则可得:

$$Ve^2=KA^2\theta e \tag{2-5}$$

将(2-4)+(2-5)可得:

$$(V+Ve)^2=KA^2(\theta+\theta e) \tag{2-6}$$

式中:θe—滤出滤液量 Ve 所需时间[s]。

再将式(2-6)微分得:

$$2(V+Ve)dV=KA^2d\theta$$

即:

$$\frac{\Delta\theta}{\Delta V}=\frac{2}{KA^2}V+\frac{2}{KA^2}Ve \tag{2-7a}$$

式(2-7a)中,$\Delta\theta$ 为数据中相邻两 θ 值之差;ΔV 为相邻两 V 值之差,对应的 V 值应取相邻两 V 值的算术平均,符号改为 $\overline{V}$。则式(2-7a)可改为:

$$\frac{\Delta\theta}{\Delta V}=\frac{2}{KA^2}\overline{V}+\frac{2}{KA^2}Ve \tag{2-7b}$$

将式(2－7b)以纵坐标$\frac{\Delta\theta}{\Delta V}$和横坐标$\overline{V}$标绘成一直线，作恒压过滤曲线，可得：

斜率：
$$S=\frac{2}{KA^2}$$

截距：
$$I=\frac{2}{KA^2}Ve$$

则：
$$K=\frac{2}{SA^2}\left[m^2/s\right]$$

$$Ve=\frac{KIA^2}{2}=\frac{I}{S}\left[m^3\right]$$

$$\theta e=\frac{Ve^2}{KA^2}=\frac{I^2}{KA^2S^2}\left[s\right]$$

为了作$\frac{\Delta\theta}{\Delta v}\sim\overline{V}$曲线，并由此确定过滤常数$K$、$Ve$及$\theta e$，必须在不同的过滤时间内，即测定每次滤液体积$\Delta V$(一般等量分配)所对应的时间$\Delta\theta$。

三、实验装置及流程

本装置中压滤机采用不锈钢切向型多层压滤机，由配料槽、污水泵、恒压料槽、恒压水槽、计量槽及空气压缩机等组成，其流程示意如图1－3所示。$CaCO_3$悬浮

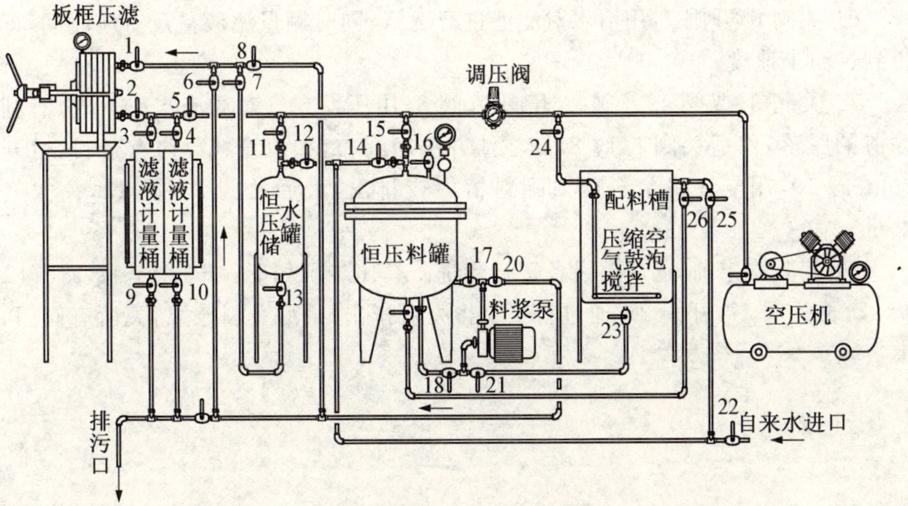

图1－3　板框压滤机装置流程示意图

液在配料槽内制成到一定浓度后由污水泵送入恒压料槽，并用污水泵对恒压料槽内料液进行不断地循环搅拌，并用压缩空气(恒压)将滤浆压入板框压滤机进行压滤，滤液由计量槽对其进行计时、计量。

本装置可用自来水通过相应的管线对设备进行清洗。

四、实验操作步骤和注意事项

1. 配料、开阀 25 将清水放入配料槽约 25kg 后关阀 25，然后称取 $CaCO_3$ 粉末 1.30kg 倒入配料槽内。

2. 开动空气压缩机(空压机限定压力可设置到 0.2MPa)，开阀 24 用压缩空气对料液进行搅拌，开阀 23、阀 21、阀 17，并启动料浆泵，将滤浆全部打入恒压料槽。然后关阀 23、阀 21，再开阀 18，使恒压料罐内浆液由料浆泵进行循环搅拌。

3. 开阀 12(同时开阀 13)将清水注入恒压储水罐内，一定时间后就关阀 12、阀 13。

4. 调节恒压阀压力指数，一般调至 0.05MPa～0.10MPa，然后开阀 11、阀 15。

5. 开阀 1、阀 2、阀 6，滤浆由压缩空气压入压滤机，开阀 3 或阀 4(计量时只能开其中一只)滤液就进入计量桶，并对其滤液量和对应时间进行测量，当压滤机进口压力表读数增大至与恒压料罐上压力相近时，就结束本次测量，开阀 9 或阀 10 可将滤液排出。

6. 关阀 6，开阀 7，用清水对滤渣进行洗涤，同时测量滤液量及对应时间，即可得到过滤末速度。

7. 关阀 3(或阀 4)及阀 7，开阀 5、阀 8，用压缩空气对滤渣吹一下气，有利于滤渣的脱落，然后关阀 5、阀 8，卸滤渣并洗净滤布，如恒压料罐内有余料，可开阀 26 或阀 19，用空气将余料压入配料槽内或排出，最后关阀 11、阀 15，关空气压缩机。

8. 实验结束前，还应对设备进行清洗。具体步骤如下：开阀 14、阀 18、阀 21、阀 22，再关阀 17，开阀 20，通过料浆泵将废液排出，最后关料浆泵，关所有阀门，结束实验。

五、原始数据记录表

表 1-2　实验(二)原始数据记录表

__________专业 __________ 班级__________组,实验日期__________

第______套装置,同组实验者____________________

项目 / 次序	实验组数	Ⅰ	Ⅱ	Ⅲ
	压力(表压)kPa			
	滤液体积(L)	时　间(s)		
1				
2				
3				
4				
5				
6				
7				
8				
9				
10				
11				
12				
13				
14				
15				
……				

六、思考题

1. 据板框压滤机实验所测定的数据，计算出两种过滤条件下的过滤常数 K_1 和 K_2、过滤介质的当量滤液体积 Ve_1 和 Ve_2、过滤介质的当量过滤时间 θe_1 和 θe_2。并提供数据完整的原始数据表。

2. 在过滤初始阶段，为什么可见滤液由浊变清？

3. 请阐述板框压滤机的优、缺点。

4. 实验用板框压滤机的操作分为哪几个阶段？

5. 若操作压力增加一倍，过滤速率是否也增大一倍？

实验三　传热实验

一、实验目的

1. 测定空气在圆形直管内作强制对流时的传热膜系数 α_1。

2. 把测得的数据整理成 $Nu=BRe^n$ 形式的准数方程式，并与教材中的相应公式比较。

3. 了解自控技术及计算机在生产中的应用。

二、实验原理

1. 圆形直管内作强制对流时的传热膜系数 α_1 的测定。

本实验系水—空气在套管换热器中进行强制对流的换热过程。

根据牛顿冷却定律：

$$Q=\alpha_1 \cdot A_1 \cdot \Delta t_m \tag{3-1}$$

即：

$$\alpha_1=\frac{Q}{A_1 \cdot \Delta t_m} \quad [\mathrm{W/m^2 \cdot K}] \tag{3-2}$$

$$\Delta t_m=\frac{\Delta t_1-\Delta t_2}{\ln \dfrac{\Delta t_1}{\Delta t_2}} \tag{3-3}$$

因本实验中热空气与冷却水是逆向流动，故：

$$\Delta t_1=T_1-t_{w1} \quad \Delta t_2=T_2-t_{w2} \tag{3-4}$$

式中：α_1—传热膜系数，[$W/m^2 \cdot K$]；

A_1—换热管内表面积，[m^2]；

Δt_m—换热器两端的对数平均温度，[℃]；

T_1、T_2—进、出换热器的空气温度，[℃]；

t_{w1}、t_{w2}—空气进、出口侧对应的换热管管壁温度，[℃]；

Q—传热速率[W]。按下式求出：

$$Q = W \cdot C_P \cdot (T_1 - T_2) \quad [W] \tag{3-5}$$

式中：C_P—定性温度下的空气定压比热，[$kJ/kg \cdot K$]；

W—空气的质量流量[kg/s]。

空气的质量流量 W 按下式求得：

$$W = C\sqrt{\rho \Delta p} \quad (kg/s) \tag{3-6}$$

式中：ρ—孔板处空气的密度，[kg/m^3]；

Δp—差压变送器的读数，[kPa]；

C—孔板流量计的校正系数，本实验中的 C=55.8568。

$$\therefore \quad \alpha_1 = \frac{C\sqrt{\rho \Delta p} \cdot C_p \cdot (T_1 - T_2)}{A_1 \cdot \Delta t_m} \quad [W/m^2 \cdot ℃] \tag{3-7}$$

2. 准数方程式。

对于流体在圆形直管内作强缺制对流的 Nu 与 Re 之间存在的公认关系式为：

$$Nu = 0.023 Pr^n Re^{0.8} \tag{3-8}$$

本实验中空气被冷却，故 n=0.3，空气的 $Pr \approx 0.7$，代入上式得到简化式为：

$$Nu = 0.02 Re^{0.8} \tag{3-9}$$

3. 实验拟合准数方程。

对于空气，管内强制对流传热膜系数的准数方程式一般表示成：

$$Nu = BRe^n \tag{3-10}$$

$$Re = \frac{du\rho}{\mu} = \frac{dW}{s\mu} \tag{3-11}$$

$$Nu = \frac{\alpha_1 d}{\lambda} \tag{3-12}$$

式中：d—换热管内径，[m]；

s—换热管截面面积，[m^2]；

μ—定性温度(T_1 和 T_2 的算术平均值)下空气的粘度,[Pa·s];

λ—定性温度(T_1 和 T_2 的算术平均值)下空气的导热系数,[W/m·K]。

将测得的 $\alpha_1 \sim W$ 数据按上列关系算出相应的 $Nu \sim Re$ 值,标绘在双对数坐标纸上,成一直线,即可求出截距和斜率,从而确定系数 B 和指数 n。

三、实验装置及流程

1. 本实验装置及流程示意如图 1-4 所示。套管换热器内管为:φ32.8×3.5mm 的紫铜管,有效长度为 1.45m。

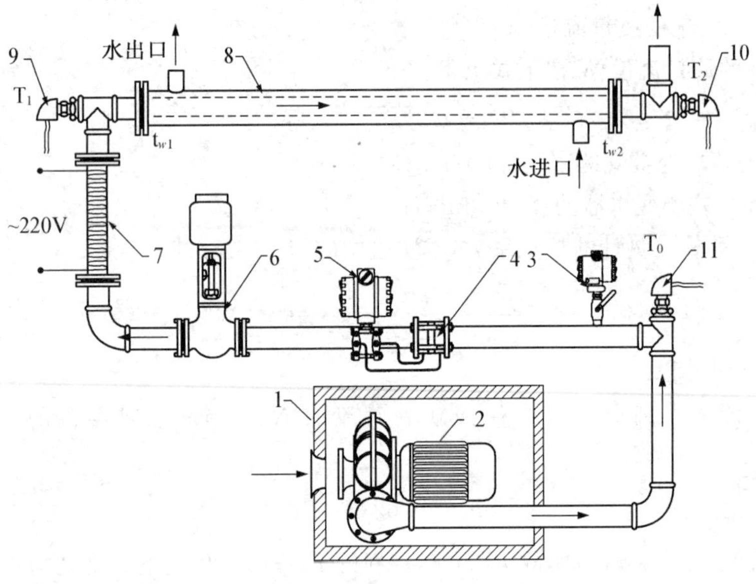

1. 隔音箱 2. 风机 3. 压力传感器 4. 孔板流量计
5. 压差传感器 6. 电动调节阀 7. 电加热器 8. 套管换热器
9. 10. 11. T_1、T_2 和 T_0 测量点 t_{w1}、t_{w2}—壁温测量点

图 1-4 传热膜系数测定实验装置流程示意图

2. 风机送入风管的冷空气经电加热到 T_1 温度后,进入套管换热器的内管,被套管环隙内的水冷却到 T_2 排出,管壁温度由埋设在换热管两端的铜-康铜热电偶测定。

3. 系统内空气流量用孔板流量计测量,其中孔板孔径为 26.5mm,风管内径为 53mm,孔板两端压差用压差变送器测定,由计算机采样测量,显示其质量流量值。

4. 进出换热器的空气温度 T_1、T_2 和换热管管壁温度 t_{w1}、t_{w2} 以及孔板处的空气温度 T_0 均用铜-康铜热电偶测定。

5. 使进入换热器的热空气温度稳定在某一定值，进口温度 T_1 采用固态继电器、可编程控制器组成控制系统控制，并显示其温度值。

四、实验操作步骤和注意事项

1. 熟悉实验装置，先检查供水、供电情况。然后打开计算机，点击桌面上的传热实验图标，进入实验操作界面。

2. 实验开始准备。

首先编写并输入实验组号（16 位内的数字或 10 个以内的汉字），回车确认，画面右上角便会出现该实验小组的组号。然后点击画面左下角的"实验开始"按钮，则在计算机 E 盘内就生成该实验小组的文件，该小组所测得的实验数据将全部储存在此文件中。同时在实验开始前应保证所有的手动阀门打开（如水阀）。

3. 实验开始。

(1) 打开总电源。点击画面左下角的"总电源开关"按钮，弹出对话框，点击"确认"按钮，画面右上角会出现"电源已打开"提示。

(2) 打开风机。点击"风机开关"按钮，弹出对话框，点击"确认"按钮，画面右上角会出现"风机已打开"提示，同时画面上风机叶轮会旋转。

(3) 设定空气的温度和流量。在画面中间的"温度设定 T_1"后面的框中输入设定空气的加热温度数值（一般为 80℃～90℃），然后回车确认。点击画面其他地方，若框内输入数值不变，则表示输入正确。

同样，在画面中间的"流量设定 W"后面的框中输入设定的空气流量数值，（首次设定的最大值为 0.023，待稳定分析、收集数据后，再逐次改变流量（由大到小，重复设定约 4 次～6 次），然后回车确认。点击画面其他地方，若框内输入数值不变，则表示输入正确。

(4) 将手动态切换至自动态。在仪表柜正面面板上，按"手自动切换按钮"，使其指示灯变色，切换到自动状态，同时观察设备上的风门是否旋转，若风门在旋转，则说明切换正确。

(5) 打开加热器。点击画面下方"加热器开关"按钮，弹出对话框，点击"确认"按钮，画面右上角会出现"加热器已打开"提示，同时画面上加热器电热丝由灰色变成红色。

(6) 打开进水阀。点击画面下方"进水阀开关"按钮，弹出对话框，点击"确认"按钮，会听到一个清脆的声响，且画面上的指示灯变成绿色。

4. 稳定分析。

(1) 数据采集。当实际的温度和流量曲线与设定的温度和流量曲线基本重合时,画面右上角会出现“已经出现稳定状态,可以保存数据”的提示,便可点击画面下方“稳定分析画面”按钮(注意:必须在该画面上所有数值都能看到,且非 0 情况下),出现稳定分析画面,点击该画面下方“读取数据”按钮,即表示已采集了 1 组实验数据,再按“退出”按钮,返回主画面。在主画面上重新设置新的流量值(逐次减少量约为0.003左右,流量的最小值不得低于 0.007),重复上述稳定分析操作,采集 4 组~6 组数据即可,(数据不能超过 10 组)。

(2) 数据保存。待所有数据采集完成后,按主画面下方的“原始数据表”按钮,进入原始数据表画面,按“保存”按钮,即本次实验所采集的数据已全部储存在该实验小组的文件中。(若忘了数据保存,则该实验小组的文件中将没有实验数据,须重做。)

5. 数据处理。

当实验完成,需要打印实验数据或观察曲线进行理论推算时,点击主画面下方的“数据模板调入”按钮,出现数据模板调入画面,打开原来已做好的实验数据模板,右键点击选择“刷新数据”菜单,会显示导入数据来源,选择 E 盘并显示所有的文件,就可找到该实验小组的文件,双击或单击然后确定,该小组的实验数据就会导入到模板中,然后在“数据结果打印区”内打印所需要的数据。

为对数坐标选择相应的数据区域(数据不能为 0),在对数坐标图内能看到 Nu 准数与 Re 准数的公认曲线和该实验拟合的实际曲线图,并打印出来。

6. 结束实验。

打印出实验数据和图表后,应把实验设备恢复到原状。

(1) 首先把已经打开的 EXCEL 表格关闭,回到实验主画面。

(2) 关闭加热器。点击“加热器开关”按钮,弹出“请确定关闭加热器”对话框,点击“确定”按钮,关闭加热器,此时画面右上角会显示“加热器已关闭”的提示。

(3) 约 10sec 后,把“流量设定值 W”改为 0,观察风门是否旋转关闭。

(4) 点击“进水阀开关”按钮,弹出“请确定关闭进水电磁阀”对话框,点击“确定”按钮,关闭进水阀,此时画面右上角会显示“进水阀已关闭”的提示。

(5) 点击“风机开关”按钮,弹出“请确定关闭风机”对话框,点击“确定”按钮,关闭风机,此时画面右上角会显示“风机已关闭”的提示,画面上的风机停止旋转。

(6) 点击“总电源开关”按钮,弹出“请确定关闭电源”的对话框,点击“确定”按钮,关闭电源,此时画面右上角会显示“电源已关闭”的提示。关闭弹出的对话框,实验结束。

五、思考题

1. 根据实验数据,列举某一设定的空气质量流量 W 状态下,Re、Nu 的计算过程。注:在实验装置设置的数据表中 t_{w2} 为空气进口侧换热管壁温,t_{w1} 为空气出口侧换热管壁温。

2. 为何要把实验结果关联成 $Nu-Re$ 的准数方程式的形式,而不用 $\alpha-W$ 来关联?

3. 分析强化传热过程有哪些途径?在不改变本系统中套管式换热器型式的前提下,如何提高其传热速率?

实验四 干燥实验

一、实验目的

1. 了解气流干燥器的基本流程和工作原理。

2. 作出物料在恒定干燥条件下的干燥曲线($X-\tau$)和干燥速率曲线($U-X$),并求出临界含水量 X_C 及恒速干燥阶段的干燥速率 U_C。

3. 求出 K_H 及 α 的实验值。

二、实验原理

1. 干燥速率的测定。

干燥速率为单位时间、单位干燥表面积上所除去的湿分重量,以 U 表示,故:

$$U=-\frac{G_C dx}{A d\tau} \tag{4-1}$$

式中:U—干燥速率,[kg/m² · s];

A—干燥面积,[m²],即湿物料(砂芯片)的表面积;

G_C—绝干物料重量,[kg];

x—物料干基含水量,[kg 水/kg 干];

τ—时间,[s]。

物料所含湿分性质不同，反映在物料干燥过程中的变化也必各异。为了减少影响因素，将湿物料在恒定干燥条件下(即干燥介质空气的温度、湿度、速度及与物料接触的情况均维持恒定)进行干燥实验。实验中，通过对湿物料在不同时间内失重的称量，即可求得干燥时间 τ_i 与物料湿含量 X_i 的关系，将数据加以整理可得物料的干燥曲线($X-\tau$)和干燥速率曲线($U-X$)。

对于任何一种干燥速率曲线，均有恒速干燥阶段与降速干燥阶段。

恒速阶段：湿物料表面全部为非结合水所湿润。在物料表面水分汽化过程中，湿物料内部水分向表面扩散的速率等于或者大于水分的表面汽化速率，故物料表面总将维持湿润状态，且其表面温度亦为该空气状态下的湿球温度 t_w。

降速阶段：湿物料内部水分向表面扩散的速率小于物料表面的汽化速率，故物料温度升高、或者表面变干。进入降速阶段，随着物料的不断干燥，其内部水分愈来愈少，这样，水分由内部向表面传递的速率愈来愈慢，干燥速率亦随之降低，直至物料含水量达到该空气状态下的物料平衡含水量 X^*。

临界含水量 X_C，为恒速阶段与降速阶段的分界点所对应的含水量。而临界含水量对干燥机理和干燥器的设计都是十分重要的。

在恒定干燥实验中，只要测出物料失重与时间的关系，便可得出 $X-\tau$ 与 $U-X$ 曲线，进而求出 X_C 以及 X^*。

重量传感器输出的电信号变化与物料重量变化成正比。

即：
$$\Delta G = m\Delta V \tag{4-2}$$

而：
$$m = \frac{G_Z - G^*}{V_Z - V^*} \tag{4-3}$$

式中：G_Z、G^*—干燥初始及终了的物料重量(包括附件重)，[kg]；

V_Z、V^*—干燥初始及终了的电势值，[mv]。

记录仪记录了一条 $\tau-V$ 曲线。

如在时间 τ_i，查 $\tau-V$ 曲线得电势值为 V_i，则：

$$X_i = \frac{m(V_i - V_C)}{G_C} \tag{4-4}$$

式中：G_C—绝干物料净重，[kg](近似等于干燥终了物重 G^*)；

V_C—绝干物料对应的电势值，[mv](近似等于 V^*)。

故得：

$$V_C = V_Z - \frac{(G_Z - G_C)}{m} = V_Z - \frac{(G_Z - G^*)}{m} \tag{4-5}$$

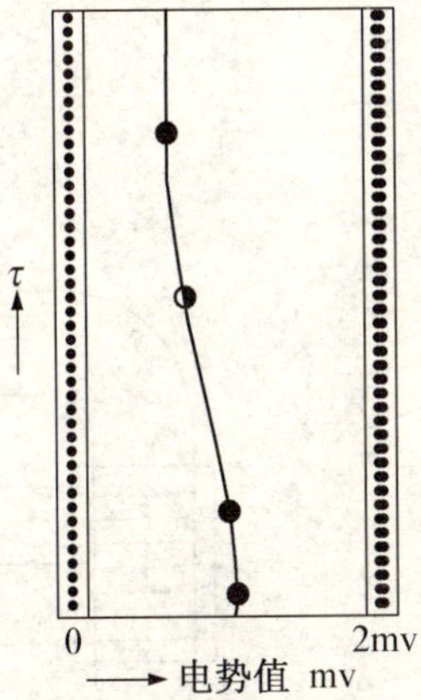

图 1-5　时间(τ)与电势值(V)的关系曲线

按(4-4)式可得一系列 τ_i 时刻所对应的 X_i 值，即可作出 $X-\tau$ 曲线。并从此图中找出 X_C，再在 $X-\tau$ 曲线上取代表性的点作图求出斜率$\frac{dx}{d\tau}$，计算出：

$$U_i=-\frac{G_C}{A}\frac{dx}{d\tau} \tag{4-6}$$

然后绘出 $U-X$ 图，从图中可以找出 U_C。

2. 传质系数 K_H 及传热膜系数 α 的求法。

在恒定干燥情况下，物料表面与空气之间的传热和传质过程，可分别用下式表示：

$$\frac{dQ}{Ad\tau}=\alpha(t-t_w) \tag{4-7}$$

$$\frac{dW}{Ad\tau}=K_H(H_w-H) \tag{4-8}$$

因在恒定干燥条件下，若又属于恒速干燥阶段，则：$\frac{dQ}{Ad\tau}$ 及 $\frac{dW}{Ad\tau}$ 均保持恒定值。

此时空气传给物料的显热，等于水分汽化所需的潜热。

即：
$$dQ=r_w\cdot dW \tag{4-9}$$

则：
$$U=\frac{dW}{Ad\tau}=\frac{dQ}{r_wAd\tau}=K_H(H_W-H)=\frac{\alpha}{r_w}(t-t_w) \tag{4-10}$$

式中：t、t_w—由实验测得；

r_w—由 t_w 查饱和水蒸气表而得；

H、H_w—可查空气湿度图而得。

根据实验数据 U，可由上式求出传质系数 K_H 及空气在物料表面的传热膜系数 α。

三、实验装置及流程

风机 1 出口管装有孔板流量计 2 以测量空气流量，并由蝶阀 3 调节风量，送出的空气经装有电加热器 4 的预热室进行预热后，进入干燥室将热能供给物料 7。干燥室内空气的温度由其入口(室前)及出口(室后)的干球温度计 6、10 测量，9 为湿球温度计，空气的温度由温控器 5 控制。物料失重与时间的关系由重量传感器 8 和自动平衡记录仪 12 测量。如图 1-6 所示。

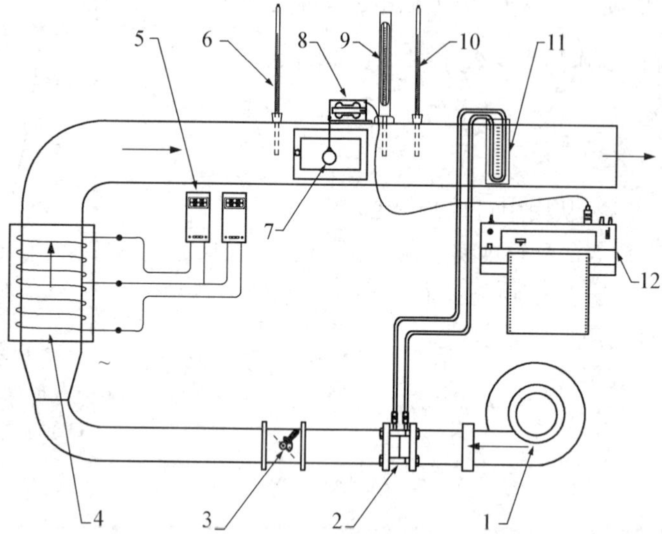

1. 风机　2. 孔板流量计　3. 风量调节蝶阀　4. 电加热器　5. 温度控制器
6. 室前干球温度计　7. 被干燥物料　8. 重量传感器　9. 室后湿球温度计
10. 室后干球温度计　11. U型差压计　12. 自动平衡记录仪

图1-6　气流干燥器工作原理示意图

四、实验操作步骤和注意事项

1. 打开风机1，全开风阀3，调节温控器5至所需温度(约80℃)，开启加热器4，给湿球温度计9加水。

2. 待气温和气速稳定后(以干燥室前温度计为准)，开启重量传感器8和自动平衡记录仪12，测量试样物料7(砂芯片)的直径和厚度，以便计算其干燥面积A。再将其浸湿并用天平称出初重G_Z，然后挂在干燥室的挂钩上。

3. 用重量传感器8和自动平衡记录仪12测出物料失重与时间的关系(记录纸上所显示的是转化为时间与电势值的关系)，直至重量不变(台式记录仪上红笔所显示的为一垂直线)，即停止干燥，取出物料7(砂芯片)，并称出其终重G^*。

4. 关闭加热器、关闭风机，将设备等恢复原状。

五、原始数据记录表

表 1-3　实验(四)原始数据记录表

__________专业__________班级__________小组,实验日期__________

第______套装置,同组实验者____________________

试样物料______,试样尺寸:直径______mm,厚度______mm,初始物重 G_Z=______g,干燥终了物重 G^* =______g,室温______℃,大气压______Pa

序号	室前干球温度(℃)	室后湿球温度(℃)	室后干球温度(℃)	流量计指示值 R(kPa)
1				
2				
3				
4				
5				
6				
7				

1. 根据实验测试数据,绘制出干燥曲线($X-\tau$)和干燥速率曲线($U—X$),并求出 U_C 及 X_C 值。

2. 写出 K_H 及 α 值的计算全过程。

六、思考题

1. 本实验的恒定干燥条件指哪些?阐述干燥过程的恒速干燥阶段和降速干燥阶段。

2. 图示并阐述恒速干燥时空气的湿度 H、H_w 是如何求得的?

实验五　电渗析脱盐实验

一、实验目的

1. 了解电渗析脱盐原理、电渗析器的结构及脱盐工艺流程、操作控制。

2. 测定电渗析电压与电流关系曲线，求取极限电流值；测定流量与脱盐率关系曲线；分析讨论实验结果。

二、实验原理

电渗析是利用电解质溶液中正负离子在排列有阴阳离子交换膜的直流电场中的定向迁移，从而达到从溶液中分离离子（脱盐）目的的膜分离装置。

1. 电压电流关系曲线和极限电流。

电解质溶液在一定温度、浓度、流速下通过膜对间隔室时，具有一定电阻，故随着膜对间电压的增大，电流将成正比地增大。即通过相应离子交换膜的离子数量成正比地增大。而由于离子在溶液中与膜中的迁移速度（前者远小于后者）的不平衡，当电流增达某一临界值时，透过膜的离子量相应地增加，而这时溶液中因直流电场作用，靠对流扩散和浓差扩散传递的离子量已开始小于透过量，于是出现膜界面处迁移离子浓度为零的情况，该临界值即称极限电流。此时电阻大大增加，电压电流原来的直线关系开始转折。因临界处产生水晶电离，pH 的变化电流效率下降，严重破坏了电渗析的正常运行。

因此测定电压电流关系曲线，及曲线转折点的极限电流、极限电压值对制订电渗析的正常操作指标是极为重要的。

对一定的电渗析器来说极限电流值随溶液的温度、浓度、流量（流速）而变，因此测定时应严格控制上述诸参数不变（本实验装置条件所限只能保持溶液浓度基本变化不大），而只改变电压，测量其相应电流的变化，从而可测得其电压电流关系曲线及极限电流值。典型的曲线图形如图 1－7(a)、1－7(b)所示。

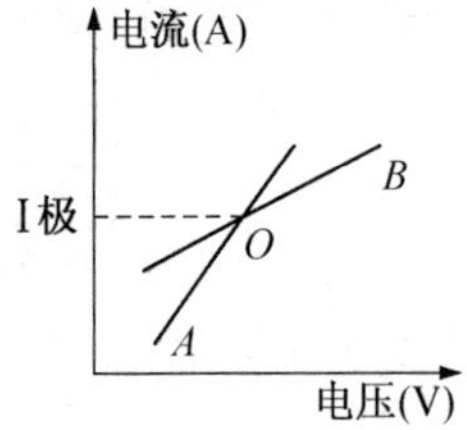

图 1－7(a)

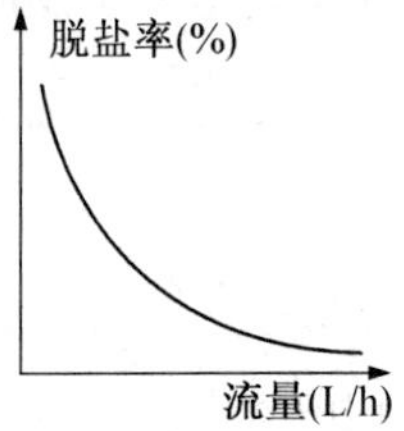

图 1－7(b)

2. 脱盐率流量关系曲线。

脱盐率(η)指进出淡水室的水的含盐量之差与进淡水室的水的含盐量之比值的百分率。可用下式表示:

$$\eta=\frac{C_1-C_2}{C_1}\times 100\% \tag{5-1}$$

脱盐率也表示电渗析分离溶液中离子的能力,是判断电渗析器运行效果的主要指标之一。

因在稀溶液情况下,溶液含盐量 C 与其电导率 K 近似成正比关系,故脱盐率可直接由进出淡水室水的电导率来计算,即:

$$\eta=\frac{C_1-C_2}{C_1}\times 100\%=\frac{K_1-K_2}{K_1}\times 100\% \tag{5-2}$$

根据法拉第电解定律可知脱盐率与电渗析的膜对数 n,通过电流大小 I,电流效率 η_I 及经淡水室的水流量 Q 等参数间具有下列关系:

$$\eta=\frac{nI\eta_I}{FQC_1}$$

其中 F 为法拉第常数 96600(A·S/e q)。

我们知道在小于极限电流下运行时电流效率 η_I 基本稳定,因此由上式可知,对一定的电渗析器(膜对数 n 一定),控制其操作电流 I 不变,并保持进水浓度 C_1 基本不变的情况下,脱盐率 η 与其流量 Q 成反比关系,改变 Q 值,测量进出淡水室的电导率 K_1、K_2,并求得对应的 η,从而可绘出 η—Q 关系曲线,如图 1-7(b)。

三、实验装置及流程

主要设备及检测仪器有:

1. 电渗析器。

一级一段,钛镀钙极板,采用 0.8mm 聚丙烯,双层编织网隔板,内装20cm×40cm 聚苯乙烯阴阳离子交换膜 25 对,有效面积 61.6%。

2. 整流器。

由单相自耦交变器及桥式整流器组成,220V 交流电压器调压后再经整流以获得所要求的直流电。整流器盘面上记有直流电压、电流表,正向起动、反向起动及停止按钮,电压调节手轮。

3. DDS-11A 型电导率仪。

电解质溶液中离子在电场的影响下产生移动,传递电子。溶液导电能力的强弱即电导率，与溶液中离子浓度有关。若以具有一定面积(A)，间距(L)的一对极片组成的电极插入溶液中测量时，两极片间溶液的电阻(R)服从欧姆定律：

$$R=\rho(\frac{L}{A})\ [\Omega] \tag{5-3}$$

对一定的电极，$\left(\frac{L}{A}\right)$一定称为电极常数。ρ 为溶液的电阻率，其倒数 $1/\rho$ 为电导率(K)。

$$K=(L/A)/R\quad [S/cm]或[US/cm] \tag{5-4}$$

由上式可见用电极测定溶液的电阻(R)，即可由上式求得该溶液的电导率(K)，DDS-11A 型电导率仪就是测定溶液 R 并将其转换成 K，刻度于表盘上的仪器。

当被测溶液电导率在 10^3(US/cm)～10^4(US/cm)时，应选用 DJS-1 型铂黑电极，并选用 1100(C/S)的高频信号电源。

根据测得的电导率值及被测溶液组分，可查有关资料或实测的电导率与溶液浓度关系曲线，查得溶液的浓度。

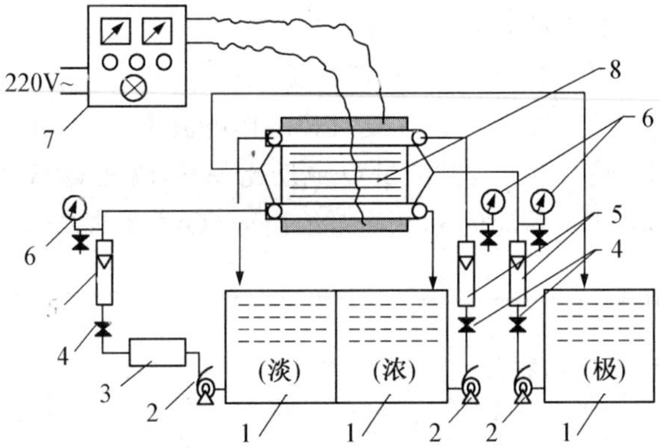

1. 极水、浓水、淡水槽　2. 极水、浓水、淡水泵　3. 过滤器　4. 极水、浓水、淡水流量调节阀　5. 极水、浓水、淡水转子流量计　6. 压力标及取点　7. 整流器　8. 电渗析器

图 1-8　电渗析器脱盐流程示意图

四、实验操作步骤和注意事项

1. 检查并熟悉整流器、电渗析，及其脱盐工艺流程和各检测、控制点位置。

2. 了解掌握 DDS－11A 型电导率仪的使用方法，用 DJR－1 型铂黑电极校正好备用。

3. 为保持测定过程中浓、淡水电导率（或浓度）基本稳定，实验采用交叉送液，即从淡水槽出来的水经淡水泵，进入电渗析器淡室，出水送入浓水槽，而从浓水槽出来的水经浓水泵，进入电渗析器浓室，出水送入淡水槽。这样循环可控制浓淡槽浓度基本稳定。

4. 测定电压、电流关系曲线。

关闭各流量计下部进水阀门、启动淡、浓、极水泵、并立即缓缓开启各流量计进水阀，控制浓、淡水流量均为 600（L/h），极水流量 400（L/h），循环数分钟，使浓、淡水槽中水的浓度（电导率）相等。

用小烧杯在各槽进水管处取样 2/3 杯，用 DDS－11A 型电导率仪测浓、淡、极水电导率值，隔 3min 再取样测定直至再次测得值不变，浓、淡水电导率相等，将此值记入电压、电流关系曲线测定记录表，作为起始电导率。

槽中浓、淡水系由自来水配入氯化钾使其电导率达 3000UΩ/cm～3600UΩ/cm（含盐量 0.02N～0.026N），而极水约 6000UΩ/cm 左右，这样可以在本实验装置测得典型的曲线，若电导率偏差较大，则应增加或稀释。

检查并调整整流器空载时电流表、电压表指针在零位。

向整流器送电、按下正向起动按钮，（上极板为正极、下板极为负极）旋转电压调节手轮使电流调至 0.4A 稳定 3min 左右。（并在整个测定过程中严格控制浓、淡水流量均为 600（L/h），极水流量 400（L/h）不变）记下电流、电压及实际指示流量值。

然后旋转电压调节手轮使电流升至 0.8A，稳定 3min，记下电流电压及实际指示流量值，再调升电流至 1.2A 如上同样测定记录。每次升高电流 0.4A 直至电流达到 5A 为止。

最终取淡水槽水测电导率，并测其水温作记录。

在普通坐标纸上，根据测得电压电流作出图线。并求取转折点对应的电流、电压值即在此温度、浓度、流量下的极限电流与极限电压值。

测定结束后，调节电压到零。切断整流器电源，各泵继续循环运行 3min～5min 后，关各调节阀后停泵。

5. 流量、脱盐率关系曲线测定。

启动浓、淡、极水泵、采用交叉送液，缓慢开启各流量计进水阀，控制浓、淡水流量均为 1000（L/h），极水流量 400（L/h），循环数分钟测浓、淡、极水槽中水的电导率，继续循环 3min 再测至两次测得值不变，并且浓、淡水电导率相等，将此值记入流量、脱盐率关系曲线测定记录表，作为起始各水的电导率值，再测淡水水温，并做记录。

向整流器送电、按下正向启动按钮，旋转电压调节手轮，使电流调至 2.0A，稳定 3min 后，在电渗析器淡室进水、出水取样点取水样测其电导率值 K_1 及 K_2，此值即浓、淡水流量均多 1000(L/h)(极水流量 400(L/h)此值保持不变)电流 2.0A 时的值，记入表 1-4。

然后用调节阀减小浓淡水流量至 900(L/h)，用电压调节手轮调压使电流仍保持 2.0A，稳定 3min，如以上取样操作测淡室进出水的电导值，如法在恒定电流下继续测得流量为 800(L/h)，700(L/h)，300(L/h)，200(L/h)，150(L/h)，100(L/h)时的淡室进出水电导率值，并按表 1-2 记录有关数据，最后测定并记录淡水槽水温。

测定结束后调电压至零，切断整流器电源，将浓、淡水流量调至 500(L/h)左右，各泵继续循环运行 3min～5min 后，关闭各调节阀，停泵。

根据表 1-5 所测的不同流量时的 K_1、K_2 值，按前述(5-2)式计算其脱盐率 η，并在普通坐标纸上，标绘流量与脱盐率关系曲线。

6. 实验注意事项。

(1) 本实验装置的电流表、电压表精度低，不易精确读出指示值，将给测定结果带来误差，故要求仔细认真读准指示值。要求电流值读准小数后一位，估计出小数点后二位(如 0.40A，0.82A)。电压值读准个位值，估计出小数后一位值(如6.5V，24.0V)。电导率值要读出 UΩ/cm 的十位数(如 3340UΩ/cm，3680UΩ/cm)。

(2) 测电压、电流曲线时，要随时调节各流量计前调节阀开度，严格控制浓、淡、极水流量恒定。

(3) 测流量、脱盐率曲线时，要随时调节电压使整个测定过程中严格保持电流恒定。

(4) 测定时浓、淡水流量要控制相等压力(压力相同)，防止因压差导致膜渗，发生误差。

(5) 测定时须将浓、淡水槽水交叉送液，循环至两水电导率相等后，再进行测定，以降低浓度差扩散产生的误差。

五、实验原始数据记录表

表 1-4　电压、电流关系曲线测定记录表

<table>
<tr><td colspan="5">起始淡水槽水电导率　us/cm</td><td colspan="4">最终淡水槽水电导率　us/cm</td></tr>
<tr><td colspan="5">起始浓水槽水电导率　us/cm</td><td colspan="4">起始极水槽水电导率　us/cm</td></tr>
<tr><td colspan="5">起始淡水槽水温　℃</td><td colspan="4">最终淡水槽水温　℃</td></tr>
<tr><td rowspan="2">序号</td><td rowspan="2">时间</td><td rowspan="2">电流（A）</td><td rowspan="2">电压（V）</td><td colspan="3">流　量（L/h）</td><td rowspan="2" colspan="2">备　注</td></tr>
<tr><td>淡水</td><td>浓水</td><td>极水</td></tr>
<tr><td>1</td><td></td><td></td><td></td><td></td><td></td><td></td><td colspan="2"></td></tr>
<tr><td>2</td><td></td><td></td><td></td><td></td><td></td><td></td><td colspan="2"></td></tr>
<tr><td>3</td><td></td><td></td><td></td><td></td><td></td><td></td><td colspan="2"></td></tr>
<tr><td>4</td><td></td><td></td><td></td><td></td><td></td><td></td><td colspan="2"></td></tr>
<tr><td>5</td><td></td><td></td><td></td><td></td><td></td><td></td><td colspan="2"></td></tr>
<tr><td>6</td><td></td><td></td><td></td><td></td><td></td><td></td><td colspan="2"></td></tr>
<tr><td>7</td><td></td><td></td><td></td><td></td><td></td><td></td><td colspan="2"></td></tr>
<tr><td>8</td><td></td><td></td><td></td><td></td><td></td><td></td><td colspan="2"></td></tr>
<tr><td>9</td><td></td><td></td><td></td><td></td><td></td><td></td><td colspan="2"></td></tr>
<tr><td>10</td><td></td><td></td><td></td><td></td><td></td><td></td><td colspan="2"></td></tr>
<tr><td>11</td><td></td><td></td><td></td><td></td><td></td><td></td><td colspan="2"></td></tr>
<tr><td>12</td><td></td><td></td><td></td><td></td><td></td><td></td><td colspan="2"></td></tr>
<tr><td>13</td><td></td><td></td><td></td><td></td><td></td><td></td><td colspan="2"></td></tr>
<tr><td>14</td><td></td><td></td><td></td><td></td><td></td><td></td><td colspan="2"></td></tr>
<tr><td colspan="5">极限电流　（A）</td><td colspan="4">极限电压　（V）</td></tr>
</table>

表 1－5　流量、脱盐率关系曲线测定记录表

<table>
<tr><td colspan="4">起始淡水槽水电导率　us/cm</td><td colspan="3">起始浓水槽水电导率　us/cm</td><td colspan="3">起始极水槽水电导率　us/cm</td></tr>
<tr><td colspan="5">起始淡水槽水温　℃</td><td colspan="5">最终淡水槽水温　℃</td></tr>
<tr><td rowspan="2">序号</td><td rowspan="2">时间</td><td colspan="3">流　量(L/h)</td><td rowspan="2">电流
(A)</td><td rowspan="2">电压
(V)</td><td colspan="2">电导率(us/cm)</td><td rowspan="2">脱盐率
(%)</td></tr>
<tr><td>淡水</td><td>浓水</td><td>极水</td><td>进淡室水 K_1</td><td>出淡室水 K_2</td></tr>
<tr><td>1</td><td></td><td></td><td></td><td></td><td></td><td></td><td></td><td></td><td></td></tr>
<tr><td>2</td><td></td><td></td><td></td><td></td><td></td><td></td><td></td><td></td><td></td></tr>
<tr><td>3</td><td></td><td></td><td></td><td></td><td></td><td></td><td></td><td></td><td></td></tr>
<tr><td>4</td><td></td><td></td><td></td><td></td><td></td><td></td><td></td><td></td><td></td></tr>
<tr><td>5</td><td></td><td></td><td></td><td></td><td></td><td></td><td></td><td></td><td></td></tr>
<tr><td>6</td><td></td><td></td><td></td><td></td><td></td><td></td><td></td><td></td><td></td></tr>
<tr><td>7</td><td></td><td></td><td></td><td></td><td></td><td></td><td></td><td></td><td></td></tr>
<tr><td>8</td><td></td><td></td><td></td><td></td><td></td><td></td><td></td><td></td><td></td></tr>
<tr><td>9</td><td></td><td></td><td></td><td></td><td></td><td></td><td></td><td></td><td></td></tr>
<tr><td>10</td><td></td><td></td><td></td><td></td><td></td><td></td><td></td><td></td><td></td></tr>
</table>

六、思考题

1. 电渗析在大于极限电流下运行时，有哪些弊病？

2. 当流量增大时，或离子浓度增大时，或温度升高时，极限电流将如何变化？

3. 本实验装置难以在整个测定过程中严格保持进电渗析淡室水的浓度（电导率值）恒定，因而会给结果的准确性带来一定影响。请你考虑可用何种方法改进。

实验六　超临界流体萃取技术

一、实验目的

1. 了解超临界流体萃取技术分离的基本原理。

2. 熟悉超临界流体萃取设备的基本构造。

3. 掌握超临界流体萃取技术分离的基本操作。

4. 利用超临界流体萃取技术提取某种成分。如风味物质、色素的提取等。

二、实验原理

1. 超临界流体萃取技术的基本原理。

超临界流体萃取(supercritical fluid extraction, SCFE)是一种新型的萃取分离技术。该技术是利用流体(溶剂)在临界点附近某一区域(超临界区)内,它与待分离混合物中的溶质具有异常相平衡行为和传递性能,且它对溶质溶解能力随压力和温度改变而在相当宽的范围内变动这一特性而达到溶质分离的一项技术。因此,利用这种所谓超临界流体作为溶剂,可从多种液态或固态混合物中萃取出待分离的组分。

任何物质都具有气、液、固三态。对一般物质而言,当液相和气相在常压下成平衡状态时,两相的物理性质,如粘度、密度等相差很显著;而在较高的压力下,这种差别逐渐缩小;当达到某一温度与压力时,两相差别消失合并成一相,此状态点称为临界点,此时的温度与压力分别称为临界温度与临界压力,当温度和压力略超过临界点时,其流体的性质介于液体和气体之间,称为超临界流体。

超临界流体的密度与压力和温度有关。在进行超临界萃取操作时,通过改变体系的温度和压力,改变流体密度,进而改变萃取物在流体中的溶解度,以达到萃取和分离的目的。在各种可作为超临界流体物质中,CO_2 的临界温度为31.1℃;接近室温,临界压力为 7.24MPa;溶解力强;挥发性强;无毒,无残留;安全,不会造成环境污染;价格便宜,纯度高;性质稳定,避免产物氧化;节能。因此对保护热敏性和活性物质十分有利,更适于作为天然物质的萃取剂。

2. 超临界流体萃取技术的特点。

(1) 由于在临界点附近,流体温度或压力的微小变化会引起溶解能力的极大变化,使萃取后溶剂与溶质容易分离。

(2) 由于超临界流体具有与液体接近的溶解能力,同时它又保持了气体所具有的传递性,有利于高效分离的实现。

(3) 利用超临界流体可在较低温度下溶解或选择性地提取出相应难挥发的物质,更好地保护热敏性物质。

(4) 萃取效率高、萃取时间短。可以省却清除溶剂的程序,彻底解决了工艺繁杂、纯度不够、易残留有害物质等问题。

(5) 萃取剂只需再经压缩便可循环使用,可大大降低成本。

(6) 超临界流体萃取能耗低,集萃取、蒸馏、分离于一体,工艺简单,操作方便。

(7) 超临界流体萃取能与多种分析技术,包括气相色谱(CC)、高效液相色谱

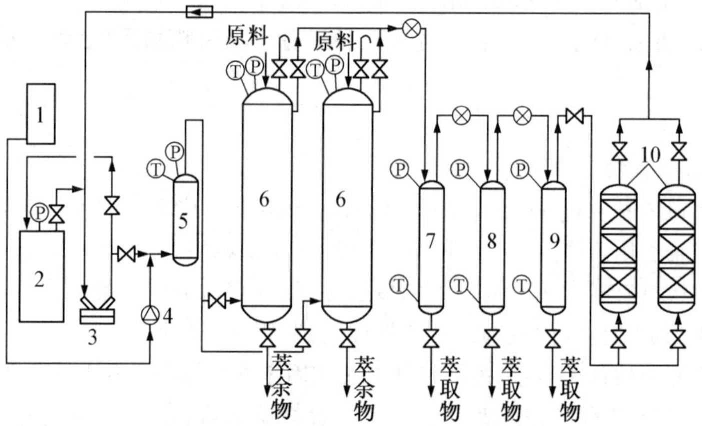

1. 高位槽　2. 气柜　3. 压缩机　4. 高压液体计量泵　5. 缓冲釜
6. 萃取釜　7.8.9. 分离器　10. 净化器　-⊗-. 节流阀　-⋈-. 截止阀
单向阀　Ⓟ. 压力表　Ⓣ. 温度控制装置

图 1-9　超临界二氧化碳萃取系统流程示意图

(HPLC)、质谱(MS)等联用,省去了传统方法中蒸馏、浓缩溶剂的步骤,避免样品的损失、降解或污染,因而可以实现自动化。

3. 超临界流体萃取技术在食品加工中的应用。

由于超临界流体萃取技术在农产品加工中的应用日益广泛,已开始进行工业化规模的生产。例如:联邦德国、美国等国的咖啡厂用该技术进行脱咖啡因;澳大利亚等国用该技术萃取啤酒花浸膏;欧洲一些公司也用该技术从植物中萃取香精油等风味物质,从各种动物油中萃取各种脂肪酸,从奶油和鸡蛋中去除胆固醇,从天然产物中萃取药用有效成分等等。迄今为止,超临界二氧化碳萃取技术在农产品加工中的应用及研究主要集中在五大方面。

(1) 农产品风味成分的萃取。如香辛料、果皮、鲜花中的精油、呈味物质的提取。

(2) 动植物油的萃取分离。如花生油、菜籽油、棕榈油等的提取。

(3) 农产品中某些特定成分的萃取。如沙棘中沙棘油、月见草中 γ—亚麻酸、牛奶中胆固醇、咖啡豆中咖啡碱的提取。

(4) 农产品脱色脱臭脱苦。如辣椒红色素的提取、羊肉膻味物质的去除、柑桔汁的脱苦等。

(5) 农产品灭菌防腐方面的研究。

三、实验材料与设备

1. 实验材料。

新鲜山茱萸。

2. 实验设备。

国产超临界萃取设备、干燥箱、粉碎机、天平、分析筛、钢瓶装 CO_2 气体——纯度 99.5%以上(食品级)。

四、实验方法

1. 工艺流程。

新鲜山茱萸去核→减压干燥→粉碎→过筛
↓
钢瓶装 CO_2→冷凝器→高压器→加热器→萃取罐→过滤→减压→分离罐(CO_2 循环)→马钱素

2. 操作要点。

(1) 新鲜山茱萸预处理。新鲜山茱萸清洗后，去核，在干燥箱内 45℃～50℃低温烘干，粉碎至 40 目左右备用。

(2) 萃取分离。

① 操作前准备。

a. 检查管线、管件、阀门、仪表有无异常；

b. 检查水套中的水是否充足；

c. 检查制冷机油位、主副泵油位；

d. 将欲萃取的物料放入萃取釜；

其中如是固体物料应先装入料筒，再将料筒装入固体萃取釜(注意料筒装料不应超过料筒有效高度的 95%)；如是液体物料，可将被萃取的液体直接倒入萃取釜(一般装料为釜体高度 1/2 以下)，也可以使用辅泵，用泵注入液体物料。

e. 检查分离釜及干燥活化器的螺堵是否拧紧，要保证拧到位；

f. 按工艺要求分别将温度控制仪表预置到工艺所要求的温度；

g. 将电接点压力表的上限指针预拨到比萃取压力高 1MPa～2MPa 的位置，但予拨的最高压力不得超过 52MPa；

h. 检验漏电保护开关是否工作正常。

② 循环萃取操作。

a. 首先闭合漏电保护开关；

b. 闭合空气开关；

c. 按下预热器及循环泵的按钮开关；

d. 驱赶各容器中混入的空气；

e. 给萃取釜加压。

③ 停机、收料操作

a. 萃取完毕后首先停主泵、关闭制冷机；

b. 待萃取釜、分离釜、净化器、蒸发器等各部分压力平衡后，关闭开关，使萃取釜与系统隔离；

c. 慢慢打开萃取釜放料阀，将萃取釜中剩余的 CO_2 气体放完，直至压力表指针为"0"，以确保萃取釜内 CO_2 气体全部放完。

d. 打开萃取釜上盖，取出料筒；

e. 用干净擦布将密封面擦干净，以待下一次萃取；

f. 收集分离物料。

五、思考题

1. 山茱萸为什么要粉碎到一定的细度？

2. 除了萃取压力、温度和时间，还有哪些因素影响马钱素的萃取率？

实验七　真空冷冻干燥技术

一、实验目的

1. 了解真空冷冻干燥技术的基本原理。

2. 熟悉真空冷冻干燥设备的基本构造。

3. 掌握真空冷冻干燥技术的基本操作。

二、实验原理

1. 真空冷冻干燥技术的基本原理。

水有三种相态，即固态、液态和气态，三种相态之间既可以相互转换又可以共存。真空冷冻干燥技术是把新鲜的食品如蔬菜、肉类、水产品等预先快速冻结，并在真空状态下，将食品中的水分从固态升华成气态，再由解吸干燥除去部分结合水，从而达到低温脱水干燥的目的。冻干食品不仅保持了食品的色、香、味、形，而且最大限度地保存了食品中的维生素、蛋白质等营养成分。冻干食品具有良好的复水性，食用时只要将该食品加水即可在几分钟内复原。

真空冷冻干燥设备通常由干燥室、制冷系统、真空系统、加热系统和控制系统组成。

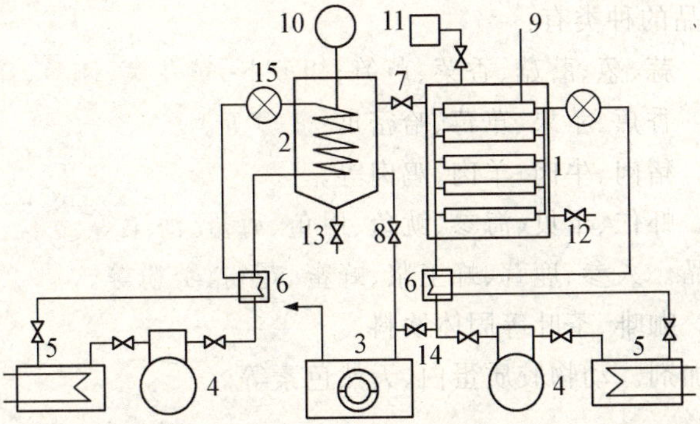

1. 冻干箱　2. 冷凝器　3. 真空泵　4. 制冷压缩机　5. 水冷却器　6. 热交换器　7. 冻干箱冷凝器阀门　8. 冷凝器真空泵阀门　9. 板温指示　10. 冷凝温度指示　11. 真空计　12. 冻干箱放气阀门　13. 冷凝器放出口　14. 真空泵放气口　15. 膨胀阀

图 1-10　真空冷冻干燥机组成示意图

2. 真空冷冻干燥技术的特点。

食品真空冷冻干燥是一种高质量的干燥保存方法，与通常的晒干、烘干、及真空干燥相比，具有以下特点：

(1) 食品干燥是在低温(－60℃～－40℃)下进行，且处于高真空状态，因此特别适用于热敏性高和极易氧化的食品干燥，可以保留新鲜食品的色、香、味及营养成分。

(2) 冻干食品体积、形状基本不变，保持原有的固体骨架结构，同时干制品可以加工成极细的粉状物料，用于制作调味品、保健品和速溶品等。

(3) 冻干食品具有多孔结构，因此，具有理想的速溶性和复水性。复水时，比其他干燥方法生产的食品更接近新鲜食品。

(4) 冻干食品在升华过程中溶于水的可溶性物质就地析出，避免了一般干燥方法中因物料内部水分向表面迁移而将无机盐和营养物携带到物料表面而造成表面硬化和营养损失的现象。

(5) 冻干食品采用真空或充氮包装和避光保存，可保持 5 年不变，产品保存期长，常温下即可运输储存，可大大降低其经营费用。

3. 真空冷冻干燥技术在食品加工业中的应用。

几乎所有的食品原料，如果蔬、肉禽、蛋、水产品等都可进行真空冷冻干燥加工，但真空冷冻干燥设备比较昂贵，加工中耗能也大，一般生产成本较高，但从产品流通的总成本、销售价格高以及冷冻干燥法所独有的优点来看，冻干食品在实际生产中具有很高的应用价值。

真空冻干食品的种类有：

（1）蔬菜类。蒜、葱、蘑菇、香菜、芦笋、胡萝卜、黄花菜、豌豆、洋葱等。

（2）水果类。香蕉、苹果、草莓、哈密瓜、菠萝等。

（3）肉禽类。猪肉、牛肉、羊肉、鸡肉等。

（4）水产品。虾仁、干贝、海参、鱿鱼、甲鱼、海蜇、海菜等。

（5）保健食品。人参、鹿茸、蜂王浆、蜂蜜、花粉、鳖粉等。

（6）饮料类。咖啡、茶叶等固体饮料。

（7）食品添加剂。动物胶质蛋白、天然色素等。

三、实验材料与设备

1. 实验材料。

市售成熟的蜂胶、包装袋等。

2. 实验设备。

真空冷冻干燥机、真空包装机、台秤与天平等。

四、实验方法

1. 工艺流程。

原料→前处理→速冻→真空脱水干燥→后处理

2. 操作要点。

（1）前处理。将新鲜成熟的蜂胶称重后放在托盘中（单层铺放）。冻干食品的原料若按其组织形态来分，可分为固态食品和液体食品。对固态食品原料的预处理过程，包括选料、清洗、切分、烫漂和装盘等。其目的是清除杂物，易升华干燥。避免加热过度，无论蒸煮还是浸渍，都要按工艺要求加工，只有把好前处理关，才有可能生产出高品质的冻干食品。液态食品原料的成分和浓度各不相同，若将它们直接干燥成粉末，耗能太大，一般采取真空低温浓缩或冷冻浓缩的方法进行预处理。

（2）速冻。将装好的蜂胶速冻，温度在－35℃左右，时间约2h。冻结终了温度约在－30℃，使物料的中心温度在共晶点以下（溶质和水都冻结的状态称为共晶体，冻结温度称为共晶点）。

速冻的目的是将食品内的水分固化，并使冻干后产品与冻干前具有相同的形态，以防止在升华过程中由于抽真空而使其发生浓缩、起泡、收缩等不良现象。一般来说，冻结得越快，物品中结晶越小，对细胞的机械损坏作用也越小。冻结时间短，蛋白质在凝聚和浓缩作用下，不会发生变质。

(3) 真空脱水干燥。包括升华干燥和解析干燥两个阶段。

升华干燥：冻结后的食品须迅速进行真空升华干燥。食品在真空条件下吸热，冰晶就会升华成水蒸气而从食品表面逸出。升华过程是从食品表面开始逐渐向内推移，在升华过程中，由于热量不断被升华热带走，要及时供给升华热能，来维持升华温度不变。当食品内部的冰晶全部升华完毕，升华过程便完成。

首先，当制品温度达到要求的温度后，依次复位循环泵、搁板制冷控制钮。然后按下冷凝器制冷控制钮，冷凝器内的蒸发器开始降温。当冷凝器内的蒸发器温度达到－50℃以下时，按下真空泵控制钮，真空泵开始对系统抽气。稍后再缓慢地打开冷凝器与干燥箱之间的Φ150 蝶阀。当干燥箱内的压力达到 10Pa 左右时，按下循环泵、搁板加热控制钮。搁板组开始升温，制品开始升华(在加热过程中，根据冻干工艺的要求逐渐上调温度值。当温度达到设定值时本机将自动停止加热，在保温阶段如果温度下降会自动加热，最后直至冻干工艺许可的温度值)。当搁板组温度已达制品最高的许可温度并维持数小时，冷凝器内的蒸发器温度进入下限低温，箱内压力只有几个 Pa。

解吸干燥：升华干燥后，蜂胶中仍含有少部分的结合水，较牢固。所以必须提高温度，才能达到产品所要求的水分含量。当料温与板层温度趋于一致时，且制品温度达到最高许可温度时，干燥过程即可结束。制品冻干完毕后，复位搁板加热，循环泵控制钮停止对搁板组加热。并相继复位真空泵、冷凝器制冷、制冷机控制钮。关闭干燥箱蝶阀与冷凝器之间的Φ150 蝶阀，关闭蝶阀后复位真空泵控制钮。

真空干燥时间约为 15h～20h。此时水分含量减至 3%左右，停止加热，破坏抽真空，出仓。

(4) 后处理。

当仓内真空度恢复接近大气压时打开仓门，开始出仓，将已干燥的蜂胶立即进行检查、称重、包装。

冻干食品的包装是很关键的。由于冷冻食品质地坚硬，外逸的水分留下通道，使冻干食品组织呈多孔状，因此与氧气接触的机会增加，为防止其吸收大气中水分和氧气，可采用真空包装或充氮包装。为保持干制食品含水量在 5%以下，包装内应放入干燥剂以吸附微量水分。另外包装材料应选择密闭性好、强度高、颜色深的为宜。

3. 实验设计。

在真空冷冻干燥过程中影响因素很多，如物料厚度、预冻温度和升华真空度等条件，可进行多因素多水平的实验设计，通过实验结果确定最佳工艺参数。

五、思考题

1. 加热升华时温度是不是越低越好？为什么？
2. 冻干食品与传统干燥食品相比有哪些优点？

实验八　喷雾干燥技术

一、实验目的

1. 了解喷雾干燥的基本原理。
2. 熟悉喷雾干燥设备的基本构造，掌握喷雾干燥机的使用方法。

二、实验原理

喷雾干燥是通过机械力的作用将所需干燥的物料分散成雾状微粒（以增大水分蒸发面积、加速干燥过程），与热空气接触后，在一瞬间将大部分水分除去，而使物料中的固体物质干燥成粉末。空气通过过滤器和电加热器进入干燥室内的栅格空气分配器中，再均匀进入干燥室内。同时，浓缩液经进料管进入干燥室顶部的离心喷头中，因喷头的高速旋转而产生离心力将浓缩液均匀雾化成细微液滴（其表面积大大增加），然后，液滴顺热空气落向出粉口。在降落过程中，液滴吸收热空气提供的热量而迅速将自身水分蒸发，在极短的时间内即被干燥成粉粒。在排风机的作用下，粉粒随同热空气被引入旋风分离器内而被分离，最后收集于旋风分离器下料口处的集粉设备内。

三、实验材料与设备

1. 实验材料。

牛奶、鸡蛋等。

2. 实验设备。

喷雾干燥器、胶体磨、均质机。

四、实验方法

1. 工艺流程（原料液的处理）。

鸡蛋→破壳→弃去蛋清→蛋黄加糊精→搅拌→胶体磨→均质→料液备用

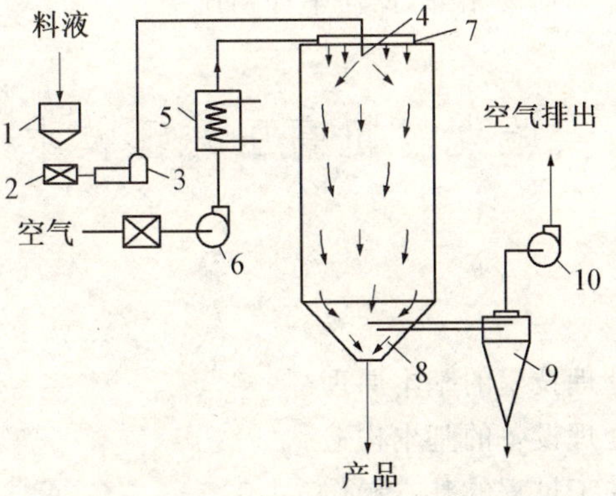

1. 料液槽　2. 过滤器　3. 泵　4. 雾化器　5. 空气加热器　6. 风机
7. 空气分布器　8. 干燥室　9. 旋风分离器　10. 排风机

图 1－11　喷雾干燥工艺设备流程示意图

2. 操作要点。

(1) 将原料液的浓度调整到 45％～50％，并保持料液温度为 50℃左右。

(2) 启动排风机，检查排风系统有无漏气情况。

(3) 接上加热电源预热干燥室（在预热期间注意将干燥器顶部孔口和旋风分离器下料口关闭，防止冷空气漏进而影响预热效果）。

(4) 启动空气压缩机，将空气压缩至 0.6MPa～0.7MPa。

(5) 在喷头上接好进气管，打开总气压阀和喷头气压阀，使喷头压力由 0atm 增至 2.5atm～3atm，检查喷头转盘点的运转是否正常，若运转正常，则关闭喷头气阀，并将离心喷头装入干燥室顶部的孔口内。

(6) 接好进料管（连接料液和离心喷头的胶管）。

(7) 待预热到所要求的温度时，即打开喷头气阀，逐渐使喷头压力由 0atm 增至 2.5atm～3atm，然后打开进料阀，逐渐增大进料量到所要求的量即稳定供料，待各参数稳定之后，测量记录有关参数。最后排净干燥室内干粉，测量水分含量。

(8) 逐渐增大进料量，重复步骤(7)。

(9) 依次停止进料，关闭加热器。

(10) 关阀喷头气阀，把总气阀开到 6kgf/cm^2，再开到升降气阀升起顶盖，清扫余料并抽入集粉瓶内，停止抽风机，拆洗管道和旋风分离器，清理离心喷头。

五、思考题

1. 空气进出口温度会如何影响产品质量？

2. 离心喷雾干燥为何易粘壁，操作中如何避免？

实验九　超高压处理技术

一、实验目的

1. 了解超高压处理技术的基本原理。
2. 熟悉超高压处理设备的基本构造。
3. 掌握超高压加工过程的基本操作。
4. 学会对几种物料进行简单的超高压处理。

二、实验原理

1. 超高压技术的基本原理。

超高压技术(ultra high pressure processing)又称高静水压加工技术(high hydrostatic pressure processing)或高压加工技术(high pressure processing)，属于一项纯物理冷加工技术。它主要是利用高压下介质(一般为水)的高挤压作用、高渗透及卸压时的膨胀作用，杀灭食品中的微生物、钝化酶或使其部分失活、使蛋白质变性、使淀粉糊化或部分糊化，从而避免热加工的破坏作用，达到延长食品的贮藏期、保持食品原有的营养成分与风味、提高食品的食用品质等目的。

2. 超高压处理的作用机理。

超高压加工过程中，食品在液体介质中体积被压缩，超高压产生极高的静压不仅会影响细胞的形态，还能使形成生物高分子立体结构的氢键、离子键和疏水键等非共价键发生变化，改变其空间结构，使之发生某些不可逆的变化，该过程也可被用来改善食品的组织结构或生成新型食品。一般情况下 200MPa～300MPa 病毒灭活；300MPa～400MPa 霉菌、酵母菌灭活；300MPa～600MPa 细菌、致病菌灭活；800MPa～1000MPa 芽孢灭活；低压下酶活性增强，超过 400MPa 酶失活；400MPa 以上蛋白质三、四级结构破坏，发生不可逆变性；400MPa～600MPa 淀粉氢键断裂，并糊化。

3. 超高压处理技术在食品加工业中的应用。

超高压处理技术在食品加工业中的应用基本上可以分为以下几个方面：

(1) 杀菌。超高压技术不仅被用于果酱、果汁的杀菌，使所得产品能较好地保持新鲜水果的口感、颜色和风味，还被应用于奶产品、罐头、果蔬、茶叶、咖啡、香料的杀菌消毒。

(2) 灭酶。超高压可使得食品中所含的品质酶(如过氧化氢酶、多酚氧化酶、果胶甲基质酶、纤维素酶等)完全失活或部分失活,从而抑制或减缓酶促褐变及降解反应的发生。

(3) 改性处理。超高压技术已经被应用于植物蛋白的组织化、淀粉的糊化、肉类品质的改善、动物蛋白的变性处理。例如,鸡蛋在常温水中加压,使其蛋液凝固,消化性很好,口感仍保留有生鸡蛋味,且维生素无损失;用超高压对肉制品进行处理后,制品的嫩度、风味、色泽及成熟度均可得到改善;对于淀粉,常温下,超高压可以使淀粉水悬浮液发生糊化作用,且超高压完全糊化没有热加工糊化时淀粉出现的老化现象。

(4) 对食品感官特性的影响。超高压一般对食品原有味道及特有风味没有影响;对食品的色泽会有改变,但有些颜色(例如类胡萝卜素、叶绿素、花青素等)对超高压有抵抗能力;而食品的粘度、均匀性及结构等特性对超高压较为敏感。

(5) 加快或减缓某些反应。某些在常压下不能进行的反应,在超高压下可以较快地进行。例如生物大分子的酸水解、酶反应、有气体参加的反应等。美拉德反应在超高压下减慢,但多酚反应则加快。

4. 超高压处理设备。

超高压处理系统由主机、泵站、控制柜、调温系统四个部分组成。下图为整体式实验主机结构示意图。

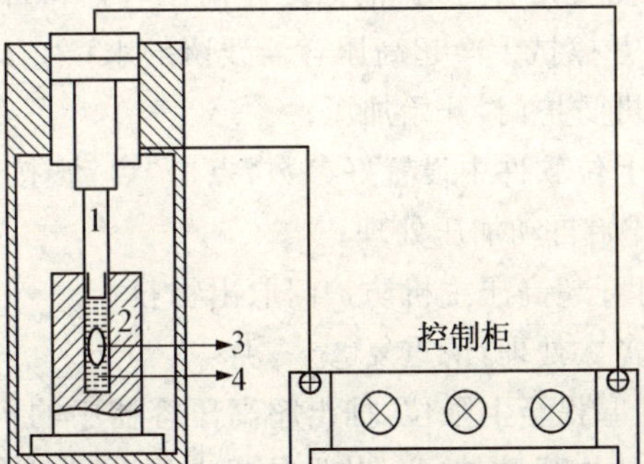

1. 柱塞　2. 超高压容器　3. 软包装物料　4. 液体传压介质

图 1-12　一体式超高压设备示意图

三、实验材料与设备

1. 实验材料。

鲜榨西瓜汁、包装袋、微生物培养基。

2. 实验设备。

榨汁机、热封机、国产一体式超高压处理设备。

四、实验方法

1. 工艺流程。

市售西瓜→榨汁→软包装→置于4℃低温冷藏→超高压容器中装入水→西瓜汁放入超高压容器→加压→保压→卸压→取出西瓜汁→清理现场→实验完成

2. 操作要点。

(1) 西瓜汁的制备。新鲜西瓜去皮后放入榨汁机中榨汁,注意榨汁时间不要过长,榨汁过程中防止明显的升温。

(2) 超高压处理操作。

① 打开主机电源,系统初始化,观察超高压设备是否有异常;

② 选择控制方式,手动、自动或上位。如选择上位,请按"上位机电源",打开微型计算机;

③ 打开超高压主机防护门,将超高压容器中装入少量的水,将包装好的待处理的物料放入超高压容器中,用工具推至超高压容器底部并保证超过工具的刻度线,用深度尺检测液面高度是否合适(液面距超高压容器口部80mm),如不合适请调整液面至合适位置,并擦拭干净超高压容器残留的水;

④ 关上超高压主机防护门,开始加压;

⑤ 上位操作。在上位软件中设置好参数,点击"启动"按钮,软件询问"是否确认加压?"点击"确认"开始自动加压处理;

⑥ 处理完成后,打开超高压主机防护门取出物料;

⑦ 如果需要进行多次处理,请重复③~⑤;

⑧ 处理完成,把柱塞提至上限位,抽出超高压容器中的水,将超高压容器及主机擦拭干净,关上超高压主机防护门,按"上位机电源"关掉计算机,关掉总电源。

西瓜汁的超高压处理:加压→保压(10min)→卸压→停顿(5min)的模式,在常温下,作压力控制在350MPa、400MPa、450MPa、500MPa四个处理强度,保压10min。

3. 实验设计。

由于工作压力、保持时间、介质温度等都影响超高压处理的效果,因此调整其中任一因素，都会影响超高压的处理效果。西瓜汁对热非常敏感，热处理后产品颜色、口味会出现明显劣变。现以西瓜汁色度、微生物为指标，考察超高压处理对西瓜汁品质的影响，比较超高压处理与热处理的优劣。

西瓜汁的热处理参照水蜜桃果汁的杀菌工艺，选用 85℃（10min）、90℃（10min）、95℃（10min）、100℃（10min）四种热处理方式。

五、思考题

1. 超高压处理过程能否反复地加压卸压？为什么？
2. 超高压处理对食品品质的影响是什么？

实验十　超高温杀菌技术

一、实验目的

1. 了解超高温杀菌的基本原理。
2. 熟悉超高温杀菌设备的基本结构。
3. 掌握超高温杀菌处理的基本操作。
4. 学会对不同料液超高温杀菌处理的参数设置。

二、实验原理

1. 超高温灭菌的基本原理。

关于超高温（UHT）灭菌，尚没有十分明确的定义。习惯上，物料在连续流动的状态下通过热交换器加热温度至 135℃～150℃，在这一温度下保持一定的时间（一般为 2sec～8sec）以达到商业无菌水平，然后在无菌状态下灌装到无菌包装容器，使产品达到商业无菌要求的杀菌过程称为 UHT 灭菌。UHT 产品能在非冷藏条件下分销，可保持相当长时间而不变质。现在，UHT 产品已从最初的牛乳产品拓展到了其他不同品种的饮料，如各类果汁、茶饮料等，灭菌温度为100℃～135℃。

UHT 灭菌的理论基础涉及两个方面：(1) 微生物热致死的基本原理。(2) 如何最大限度保持食品的原有风味及品质。

(1) UHT 灭菌的微生物致死理论依据。

按照微生物的一般热致死原理，当微生物在高于其耐受温度的热环境中时，必然受到致命的伤害。加热促使微生物死亡的原因是由于高温导致蛋白质的不可逆变化，随后一些球蛋白变的不溶解，酶失去活力，从而造成新陈代谢能力的丧失，因此，细胞内蛋白质凝固变性的难易程度直接关系到微生物的耐热性，而且这与杀菌条件的选择密切相关。大量实验证明，微生物的热致死率是加热温度和受热时间的函数。

① 微生物的耐热性。

腐败菌是食品杀菌的主要对象，其耐热性与食品的杀菌条件有直接关系。影响微生物耐热性的因素有如下几方面：

a. 菌种和菌株；

b. 热处理前菌龄、培育条件、贮存环境；

c. 热处理时介质或食品成分，如酸度或 pH 值；

d. 原始活菌数；

e. 热处理的温度和时间，作为热杀菌，这是主导的操作因素。

② 微生物的致死速率与 D 值。

在一定的环境条件和一定的温度条件下，微生物随时间量而死亡时的活菌残存数是按指数递减或按对数周期下降的。这一规律为通常大量的试验结果所证实。UHT 杀菌处理的重要对象是芽孢。虽然嗜热菌的芽孢不易在 UHT 处理中失活，但幸运的是绝大多数嗜热菌在 20℃～30℃以下就会停止生长。

表 1－6　不同芽孢的 D 值(121℃)

菌　　名	D 值(s)
蜡样芽孢杆菌	2.3
肉毒梭状芽孢杆菌	12.25
原生孢子梭状芽孢杆菌	100
嗜热脂肪芽孢杆菌	408

D 值反映了细菌死亡的快慢。D 值愈大，细菌死亡速度愈慢，即细菌的耐热性愈强；反之则死亡速度愈快，耐热性愈弱。由于致死速率曲线是在一定的加热温度下获得的，所以 D 值是温度 T 的函数(常写成 D_T)，上述比较只能以同一加热温度为前提，例如以 $D_{110℃}$ 来作比较。

③ 微生物的热力致死时间与 Z 值。

微生物的热力致死时间(thermal death time)就是在热力致死温度保持不变条件下，完全杀灭某菌种的细胞或芽孢所必需的最短热处理时间。加热致死时间曲线中，加热时间缩短 90%，所需升高的温度即为 Z 值，或者说杀菌时间变化 10 倍，相应的温度变化值。

(2) UHT 杀菌对食品的风味保持及品质保证。

大量实验表明,采用 UHT 瞬时杀菌技术也可最大程度地保持食品的风味及品质。这主要是因为微生物对高温的敏感程度远远大于食品成分的物理化学变化对高温的敏感程度。

例如,在乳品工业生产灭菌乳的过程中,如果牛乳在高温下保持较长时间,则可能产生一些化学反应。如蛋白质和乳糖发生美拉德反应,使乳的颜色变褐;蛋白质发生分解反应,产生不良气味;糖类焦糖化产生异味等,此外还可能发生某些蛋白质变性而产生沉淀。这些问题在高温保持式杀菌过程中容易发生。

2. 超高温灭菌系统。

(1) 基本构成。

通常,超高温灭菌设备主要由五部分组成:① 进料部分;② 物料加热杀菌(热交换系统)部分;③ 均质部分;④ 冷却部分;⑤ 无菌灌装部分。

(2) 超高温灭菌系统的基本示意图,如图 1-13 所示。

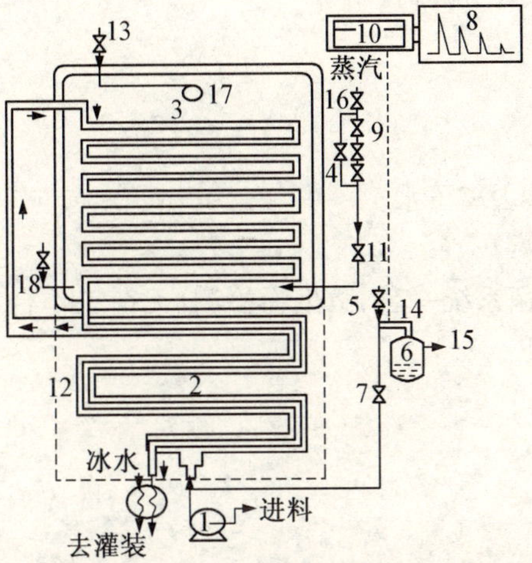

1. 供料泵　2. 双套盘管　3. 加热灭菌室　4. 背压阀　5. 气控阀
6. 贮槽　7. 气控阀　8. 微机　9. 电控阀　10. 微机控制
11. 截止阀　12. Ⅰ型管　13. 冷水阀　14. 弯管　15. 溢流管
16. 蒸汽阀　17. 疏水器　18. 截止阀

图 1-13　环形套管式超高温灭菌流程示意图

(3) 超高温灭菌加工的类型。

超高温灭菌系统所用的加热介质大都为蒸汽或热水,按物料与热介质接触与否,进一步可分为两大类,即直接加热系统和间接加热系统。直接加热系统目前有蒸汽喷射式和料液注入式两种；间接加热系统有管式热交换、板式热交换两种。

热交换系统是UHT杀菌系统中主要部分，在实际生产中，管式热交换系统及板式热交换系统应用较多。UHT工艺优选直列套管式换热器杀菌系统，因其在较高的蒸汽压力及超高温状态下所具备的可靠工作性能，尤其连续工作时间可长达十多个小时，对产品的适应能力强，能对高粘度的产品进行热处理，从而获得了比板式杀菌系统更为广泛的应用。

(4) 无菌管式换热器的产品适用范围。

① 粘度较高或热敏性食品饮料类产品：酸奶、奶油、乳酪、色拉酱、番茄酱、糊状食品、牛奶、蛋液等。

② 含有纤维及果肉颗粒较大的产品：含果粒汁。

③ 酸度较高，对死角具有腐蚀性的产品：果汁。

④ 低酸无菌含颗粒的产品：巧克力、糖浆、冰淇淋、豆浆、脂肪及油脂、麦芽汁、啤酒、葡萄酒、米酒、茶汁、咖啡饮料等。

三、实验材料与设备

1. 实验材料。

实验室现磨豆浆、去离子水。

2. 实验设备。

国产微型管式杀菌系统一套、微生物检测(无菌工作台、酒精灯、培养皿、接种环等)、磨浆机、均质机。

四、实验方法

1. 工艺流程。

豆浆制备 → 过滤、均质 → 料液接收器

超高温杀菌系统 → CIP → 系统管路预处理 → 料液接收器

料液接收器 → 管式热交换杀菌 → 冷却 → 无菌灌装室 → 商业无菌产品

冷却 → 超高温杀菌系统CIP清洗

2. 操作要点。

(1) 豆浆制备。称取市售大豆6kg，清洗、3倍去离子水常温浸泡14h后，用8倍热水磨浆，再用250目滤布过滤后，20MPa压力下均质一次。

(2) UHT温度的设定。不同的产品，特别是奶制品，对热敏感性较强。在生产过程中，当牛奶的温度高于65℃时，就容易产生垢层，交换器热传递表面与牛奶之间的温差过大，会使牛奶中蛋白质在隔板面形成结焦的机会增加，导致传热系数的下降。在灭菌段，一般热水温度比产品的灭菌温度高2℃～3℃为佳。

逆向流动过程，产品在行程中逐渐被加热，且温度总是比同一点的加热介质的温度低几度；而并流流动过程中，两者在同一点上的温差变化较大。在并流中，产品的最终温度不可能比产品和加热介质混合所获得的温度高。在逆向流动过程中，则没有这一限制，产品可以加热到比加热介质进口温度低2℃～3℃。

(3) 加热过程控制。产品在加热过程中不能有沸腾现象发生。为了防止沸腾，在某一温度下，产品流路的内部压力不能小于该温度下的饱和蒸汽压。由于产品中主要成分为水，这个压力与水的饱和蒸汽压相近，如135℃下需保持0.2MPa的压力以避免料液沸腾，150℃则需要0.375MPa的内部压力。根据经验得知，为更好地防止产品在加热时沸腾，所提供的内部压力至少要比饱和蒸汽压高0.1MPa。

(4) 工作前CIP。先高温(约135℃)冲洗：这是一个较为短暂的过程；再低温清洗：灭菌机冷却到预设温度(85℃)，泵启动，加大产品流路内的流动速率。在酸洗时，预设定温度为65℃。根据清洗程序，转换管路连接，选择碱、酸、水进行清洗循环。冷水冲洗：循环10min。

(5) 杀菌后CIP。先用无菌水排赶产品，其余操作同(2)工作前CIP。

(6) 杀菌设备操作步骤。

① 打开均质机连接管的CIP旁通阀；

② 设置UHT主机上螺杆泵的流速为约25L/H；

③ 打开均质机在最大速度状态(22L/H)；

④ 慢慢关闭均质机CIP旁通阀；

⑤ 观察泵压，此时压力会上升；

⑥ 慢慢关小UHT主机前面板上的均质阀，并维持泵压在1bar左右；

⑦ 增加均质机第二级压力，约占所需总压的10%(如总压在500bar，第二级均质压力为50bar)；

⑧ 增加均质机第一级压力至最终压力；

⑨ 随时观察泵压，不允许出现负数；

⑩ 设置UHT主机的加热温度到所需要的温度；

⑪ 通过背压阀设置背压，均质机出口压力在显示器上显示；

⑫ 同时慢慢降低均质机与 UHT 主机流速至 20L/H，观察压力不发生变化；

⑬ 操作结束后，先慢慢卸掉第一级均质压力，再慢慢卸掉第二级均质压力，打开均质机 CIP 旁通阀与 UHT 主机上的均质阀；

⑭ 按常规冷却主机。

五、思考题

1. CIP 清洗的基本流程是什么？为何如此操作？
2. 产品在加热杀菌过程中为何要避免沸腾现象发生？

第二章 畜产食品工艺实验

实验一 原料乳验收

一、实验目的

1. 了解乳滴定酸度的测定、乳的密度和比重、乳的细菌污染度等测定原理。

2. 掌握以上三种原料乳的测定方法。

二、实验原理

1. 乳的滴定酸度测定。

乳挤出后在存放过程中，由于微生物的活动，分解乳糖产生乳酸，而使乳的酸度升高。测定乳的酸度，可判定乳的新鲜程度。

乳的滴定酸度常用吉尔涅尔度(°T)和乳酸度(乳酸%)表示。

吉尔涅尔度(°T)是以中和100mL乳中的酸所消耗的0.1mol/L氢氧化钠溶液的毫升数来表示。消耗0.1mol/L氢氧化钠溶液1毫升为1°T，即消耗0.1毫克当量氢氧化钠为1°T。

乳酸度(乳酸%)是指乳中酸的百分比含量。

2. 乳的密度和比重的测定。

乳的密度是指乳在20℃时的质量与同体积水在4℃时的质量之比。

乳的比重是指乳在15℃时的质量与同体积水在15℃时的质量之比。

乳的密度和比重均可用乳脂计测定。乳脂计有20℃/4℃(密度计)和15℃/15℃(比重计)两种。在同温度下密度和比重的绝对值差异很小。因为测定的温度不同，乳的密度较比重小0.002。在乳品工业中可用此数来进行乳密度和比重的换算。如乳的密度为1.030时，其比重即为1.032(1.030+0.002)。

乳的密度和比重也可用度数来表示：

$$度数=(读数-1)\times 1000$$

例：乳的密度为1.031时，其度数为：

$$度数=(1.031-1)\times1000=31^{\circ}$$
$$该乳的比重=31^{\circ}+2^{\circ}=33^{\circ}$$

乳脂计利用在乳中取得的浮力与重力相平衡的原理测定乳的密度和比重。

3. 乳的细菌污染度测定。

甲烯蓝试验：乳中含有各种不同的酶，其中还原酶是细菌生命活动的产物，乳的细菌污染越严重，则还原酶的数量越多。还原酶具有还原作用，可使蓝色的甲烯蓝还原为无色的甲烯蓝，因此还原酶愈多则褪色愈快，细菌污染度愈大。

三、仪器和试剂

1. 乳的滴定酸度测定：0.1mol/L草酸溶液、0.1mol/L(近似值)氢氧化钠溶液、10毫升吸管、150毫升三角瓶、25毫升酸式滴定管、0.5%酚酞酒精溶液、0.5毫升吸管、25毫升碱式滴定管、滴定架。

2. 乳密度和比重的测定：乳脂计(密度计或比重计)、温度计、100mL～200mL量筒、200mL～300mL烧杯。

3. 乳的细菌污染度测定：甲烯蓝溶液、干燥箱、酒精灯、1mL吸管、试管、10mL吸管、水浴箱或恒温箱。

四、实验方法

1. 乳的滴定酸度测定。

(1) 标定氢氧化钠溶液。

求出氢氧化钠的校正系数(F)：取0.1mol/L草酸($H_2C_2O_4 \cdot 2H_2O$)溶液20mL于150mL三角瓶中，加2滴酚酞酒精溶液，以0.1mol/L(近似值)氢氧化钠溶液滴定至红色(1min不褪色)，并记录其用量(v)。

$$F=\frac{0.1\text{mol/L(近似值)草酸的体积(mL)}}{0.1\text{mol/L(近似值)氢氧化钠的体积(mL)}}$$

在本操作中，$F=\frac{20}{v}$。

(2) 滴定乳的酸度。

取乳样10mL于150mL三角瓶中，再加入20mL蒸馏水和0.5mL 0.5%酚酞溶液，摇匀，用0.1mol/L(近似值)氢氧化钠溶液滴定至微红色，并在1min内不消失为止，记录0.1mol/L(近似值)氢氧化钠所消耗的毫升数(A)。

(3) 计算滴定酸度。

$$吉尔涅尔度(°T)=A\times F\times 10$$

式中：A—滴定时消耗的0.1mol/L(近似值)氢氧化钠的毫升数；

F—0.1mol/L(近似值)氢氧化钠的校正系数；

10—乳样的倍数。

$$乳酸(\%)=\frac{B\times F\times 0.009}{乳样的毫升数\times 乳的比重}$$

式中：B—中和乳样中的酸所消耗的0.1mol/L(近似值)氢氧化钠的毫升数；

F—0.1mol/L(近似值)氢氧化钠的校正系数；

0.009—0.1mol/L氢氧化钠溶液1mL能结合0.009g乳酸。

根据测定的结果判定乳的品质，见表2-1。

表2-1　滴定酸度与牛乳品质关系表

滴定酸度(°T)	牛乳品质
低于16	加碱或加水等异常的乳
16～20	正常新鲜乳
高于21	微酸的乳
高于25	酸性乳
高于27	加热凝固
60以上	酸化乳，能自身凝固

2. 乳密度和比重的测定。

取已混合的乳样小心地沿量筒壁注入量筒中，防止产生泡沫影响读数，加至量筒容积的3/4处。

将乳脂计小心地沉入乳样中，使其沉到1.030刻度处，然后使其在乳中自由浮动，(注意防止乳脂计与量筒壁接触)，静置2min～3min后进行读数(读取凹液面的上缘)。

用温度计测定乳温。如果乳温不是20℃则在乳脂计上的读数还必须进行温度的校正，因乳的密度随温度升高而减小，随温度降低而增大。

测定值的校正可用计算法和查表法进行。

其中计算法即：温度每升高或降低1℃，乳的密度在乳脂计上减小或增加0.0002(即0.2°)。

例：乳温18℃，密度计读数1.034。求乳的密度和比重。

密度＝1.034－[0.0002×(20－18)]＝1.0336

密度的度数＝(1.0336－1)×1000＝33.6°

比重＝1.0336＋0.002＝1.0356

比重的度数＝(1.0356－1)×1000＝35.6°

3. 乳的细菌污染度测定。

仪器消毒：试验中所用的吸管、试管等必须事先经过干热灭菌。

以无菌操作吸取10mL乳样于试管中，再加入甲烯蓝1mL，塞上棉塞，摇匀，然后放在35℃～40℃的水中或恒温箱中，记录开始保温的时间。

每隔10min～15min观察试管内容物褪色的情况。

根据试管内容物褪色的速度，确定乳中的细菌数及细菌污染度的等级。

判定标准：见表2-2。

表2-2 甲烯蓝试验判定标准表

甲烯蓝褪色时间	1mL乳中的细菌数	乳的细菌污染度等级
5.5h以上	不超过50万	第一级(良好)
2h～5.5h	50万～400万	第二级(中等)
20min～2h	400万～2000万	第三级(不好)
20min以内	超过2000万	第四级(很坏)

实验二 酸奶制作

一、实验目的

1. 加深理解酸奶生产的基本原理。
2. 掌握酸奶的一般加工方法。
3. 了解抗菌素的检出过程。

二、实验原理

1977年世界卫生组织(WHO)与国际乳品联合会(IDF)对酸奶的定义是：乳与乳制品(杀菌乳或浓缩乳)在保加利亚乳杆菌(L. bulgarius)和嗜热链球菌

(S. thermophilus)的作用下经乳发酵而得到的凝固型乳制品，成品中必须含有大量的、相应的活性微生物。

酸奶中所用的特征菌为嗜热链球菌与保加利亚乳杆菌。其中保加利亚乳杆菌的正式名称为德氏乳杆菌保加利亚种。上述两种菌株的比例及其他乳酸菌的加入均会直接影响酸奶成品的风味和质地。一般酸奶产品采用保加利亚乳杆菌和嗜热链球菌按 1∶1 或 1∶2 的比例混合的乳酸发酵剂。另外，还有的产品是用保加利亚乳杆菌、嗜热链球菌和双歧乳杆菌组合发酵而制成的。

乳酸菌利用原料乳中的乳糖作为其生长与增殖的能量来源。在乳酸菌增殖过程中，其中各种酶和酸将乳糖转化成乳酸。乳酸的形成使乳清蛋白和酪蛋白复合体系因其中的磷酸钙和柠檬酸钙的逐渐溶解而变得越来越不稳定。当体系内 pH 值达到酪蛋白的等电点时(pH4.6～pH4.7)酪蛋白胶粒就开始逐渐聚集沉淀，逐渐形成一种蛋白质网络立体结构，其中包含乳清蛋白、脂肪和水溶液部分。这种变化使原料乳变成了半固体状态的凝胶体—酸奶。

要选择适当产酸能力的发酵剂，产酸能力过强的发酵剂在发酵过程中容易导致产酸过度和后酸化过强，所以要选择产酸能力中等或弱的发酵剂。发酵结束后的很重要的环节是后酸化，后酸化是指酸奶终止发酵后，发酵剂菌种在冷却和冷藏阶段仍能继续缓慢产酸，同时会产生风味物质，一般酸乳发酵剂产生的风味物质为乙醛、丁二酮、丙酮和挥发性酸。

三、仪器和设备

培养箱、烧杯、电炉、水浴锅、超净工作台、冰箱、酸奶瓶、无菌吸管。

四、主要原料和试剂

1. 鲜牛奶(或乳粉)。
2. 白砂糖、发酵剂(保加利亚乳杆菌、嗜热链球菌)。

五、实验方法

1. 工艺流程。

原料乳→标准化→均质→杀菌→冷却→接种→包装→发酵→冷藏

2. 操作要点。

(1) 原料乳的准备。

全脂鲜牛乳 83％或者全脂乳粉 10.4％、白砂糖 8％、将全脂鲜乳、白砂糖溶解(乳粉则 40℃冲调保温半小时，搅拌使其充分水合)。预热 60℃后，均质以便使质地更细腻。

(2) 杀菌。

90℃～95℃，保温5min，目的在于杀灭原料乳中的杂菌，确保乳酸菌的正常生长，钝化原料乳中的天然抑制物，使乳清蛋白变性，达到改善组织状态，提高粘稠度和防止乳清析出的目的。

(3) 冷却。

杀菌后的乳要马上冷却到40℃左右，以便接种发酵剂。

(4) 接种。

在超净工作台上用无菌吸管吸取发酵剂，一般为嗜热链球菌和保加利亚乳杆菌两类，加入时可按照不同的比例用无菌吸管吸取，一般总的添加量为：2%～5%，加入后迅速搅拌均匀。

(5) 灌装、封口。

酸奶瓶应在灌装前进行灭菌并冷却到40℃左右，灌装后立即用无菌的封口纸进行压盖封口。

(6) 发酵。

放入37℃～40℃的培养箱中发酵3h～4h，达到凝固状态即可，酸度达到80度，组织均匀，无乳清析出。

(7) 冷藏。

把酸奶放入冰箱冷藏48h，风味物质将继续产生。

六、思考题

根据工艺的不同，酸奶的类型分为哪两类，有什么区别和特点？

实验三　乳粉制作

一、实验目的

1. 掌握乳粉制作工艺，并学会设计有关工艺条件。
2. 了解工艺条件不同对产品质量的影响。
3. 了解乳粉感官评定的内容。

二、实验原理

乳的浓缩：乳的蒸发浓缩经常在减压条件下进行，称为真空浓缩。利用真空状态下液体的沸点随环境压力降低而下降的原理，使牛乳温度保持在40℃～70℃

之间沸腾，因此可将加热过程中的损失降到最小程度。当牛乳中的某些水分子获得的动能超过其分子间的引力时，就在牛乳液面汽化，而牛乳中的干物质数量保持不变，汽化的分子不断移去并使汽化过程持续进行，最终牛乳的干物质含量不断提高达到预定的浓度。

乳粉的干燥主要有喷雾干燥和滚筒干燥两种，前者占绝对优势，因其对产品的风味、色泽和溶解性等方面具有较好的品质保证。喷雾干燥是向干燥室内鼓入热空气，同时将料液借着压力或离心力的作用，通过喷雾器（也叫做雾化器）喷成极细小的雾状液滴（直径约为 10um～100um），以增加其表面积，加速水分的蒸发速率。雾状液滴一经与热空气接触，水分便在瞬间蒸发除去，使料液的微细雾滴变成干粉，降落在干燥室底部。

三、仪器和设备

温度计、烧杯、玻璃棒、电炉、夹层锅、牛乳比重计、折光仪、真空浓缩器、喷雾干燥器、贮料缸等。

四、主要原料和试剂

1. 新鲜牛奶。

2. 蔗糖等。

五、实验方法

1. 工艺流程。

原料乳验收→预处理→杀菌→真空浓缩→制备糖浆→过滤→喷雾干燥→出粉检验→包装→成品

2. 操作要点。

（1）原料乳的验收。

（2）将原料乳进行净化、冷却等预处理，存贮待加工。

（3）杀菌操作。自行设计杀菌的工艺条件并进行杀菌。

（4）浓缩操作。

① 采用小型真空浓缩装置，以真空度 650mmHg～700mmHg，料温在 50℃左右的条件下进行真空浓缩，并于浓缩后期添加糖浆，最后浓奶浓度要求达到 45％～50％，其密度应在 1.089～1.100 左右，浓度的控制一般以取样测定浓缩乳的密度或黏度来确定，也可用折光仪进行测定。

② 糖浆制备：按加糖乳粉质量标准，计算本批原料所需蔗糖量，并于夹层锅内制成 65％的糖浆，冷却至 70℃以下待用。

③ 将已浓缩好的加糖浓奶贮于贮料缸内，以供喷雾干燥。

（5）喷雾干燥操作。

① 熟悉喷雾干燥机的工作原理及操作规程，并进行清洁和预热工作。

② 调节热量参数，按拟定的工艺条件，如 $t_1=150℃\sim170℃$，$t_2=80℃\sim95℃$ 范围选择，并进行喷雾干燥作业，详细记录相关工艺参数。

③ 停机与出粉：按操作规程与喷雾干燥结束以前，做好停机准备，并按程序停机，出粉及清扫，必要时进行设备的清洗和烘干。

将所制得的成品乳粉存于密封容器内待检验。

3. 感官品评。

各种食品都有其固有的感官特征。食品的内在质量变化常与其外表特征密切关联，所以感官检查是食品质量检验的重要组成部分，有时甚至在质量判定及卫生评价方面起到决定性作用。

乳粉的感官评定，主要是根据乳粉的滋味和气味、组织状态、冲调性和色泽等诸方面的直接感觉，做出客观的质量判定与卫生评价。本实验对乳粉的质量评定，则采用按项评分方法。

① 感官指标按百分制评分，其中各项的分数见表 2－3。

表 2－3　感官指标及评分

项　　目	分　　数
滋味和气味	65
组织状态	25
冲调性	5
色泽	5

② 各级产品应得感官评分见表 2－4。

表 2－4　各级产品应得感官评分

等　级	总评分	滋味和气味最低评分
特级	≥90	60
一级	≥85	55
二级	≥80	50

③ 乳粉感官检查评分表见表 2－5。

表 2-5　乳粉感官检查评分表

项　　目	扣除分数	评定分数
滋味和气味(65 分)		
具有消毒牛乳的纯香味,无其他滋味和气味者	0	65
滋气味稍淡,无异味者	2～5	63～60
有过度消毒的滋味和气味者	3～7	62～58
有焦粉味者	5～8	60～57
有饲料味者	6～10	59～55
滋气味平淡无乳香味者	7～12	58～53
有不清洁或不新鲜滋味和气味者	8～13	57～52
有脂肪氧化味者	14～17	51～48
有其他异味者	12～20	53～45
组织状态(25 分)		
干燥粉末无结块者	0	25
结块易松散或有少量硬粒者	2～4	23～21
有焦粉或小黑点者	2～5	23～20
贮藏时间较长,凝块较结实者	8～12	17～13
有肉眼可见杂质或异物者	5～15	20～10
冲调性(5 分)		
润湿下沉快,冲调后完全无团块,杯底无沉淀者	0	5
冲调后有少量团块者	1～2	4～3
冲调后团块较多者	2～3	3～2
色　　泽(5 分)		
全部一色,呈浅黄色者	0	5
黄色特殊或带浅白色者	1～2	4～3
色泽不正常者	2～5	3～0

六、思考题

1. 乳粉制作实验中杀菌工艺的条件是什么？
2. 如何确定合适的喷雾干燥工艺参数？
3. 乳粉制作中可能出现的质量缺陷是什么，如何进行控制？

实验四　肉的冷却保鲜、微冻保鲜和冻结保鲜

一、实验目的

1. 了解相关的保鲜原理，观察保藏过程中的变化。
2. 掌握几种保鲜方法的温度控制范围，学会观察保藏过程中的食品变化情况。

二、实验原理

1. 冷却保鲜。

冷却是将食品温度降低到接近冰点但不结冰的一种贮藏方法，也是短期保存肉类的有效手段。肉类的冷却是将肉类温度降到0℃～4℃。在此温度下，由于酶的分解作用、微生物的生长繁殖、肉的干耗及氧化作用等均不能得到有效抑制，故肉的冷却保鲜只能保持一周左右的时间。

2. 微冻保鲜。

微冻是将食品温度降低到低于其冰点1℃～2℃，并在此温度下贮藏的一种保鲜方法，也称为部分冻结法。与冷却保鲜相比，微冻的保鲜期是冷却的1.5倍～2倍。因为在微冻的温度下，食品中部分游离水结冰，导致食品组织中组织液浓度升高、pH值下降，这些都抑制了微生物的活动。

3. 冻结保鲜。

冻结食品的温度一般控制在－12℃以下，但事实上在－15℃以下，还会有微生物的活动、酶的作用以及食品组织的一些物理变化发生，所以必须将食品温度降低至－18℃以下才能有效地抑制食品品质的下降。在此温度线以内，温度越低，食品品质保持越好。

三、仪器和设备

普通冰箱、低温冰箱、凯氏定氮装置、TA—XT2i 物性测定仪、冰箱保鲜盒、温度计等。

四、主要原料和试剂

1. 全精猪肉。

2. 凯氏定氮所需试剂。

五、实验方法

1. 感官观察。

(1) 分别将大小一致的猪肉置于 0℃～4℃、−3℃～−2℃、−18℃的环境中，贮藏 24h。

(2) 取出样品，观察其色泽、表面状态，嗅其气味。

(3) 每 24h 重复观察一次，记录情况。

2. 挥发性盐基氮测定。

与感官观察的设定时间相同，测定挥发性盐基氮值，记录数据。

3. 测定肉的弹性、剪切力等。

与感官观察的设定时间相同，测定肉的弹性、剪切力。

4. 原始数据记录。

表 2－6　感官观察记录

时间	色　泽			表面状态			气　味		
	冻结肉	冷却肉	微冻肉	冻结肉	冷却肉	微冻肉	冻结肉	冷却肉	微冻肉
1d									
2d									
3d									
4d									
5d									
6d									
7d									

表 2-7 挥发性盐基氮和物性测定记录

时间	挥发性盐基氮			弹性			剪切力		
	冻结肉	冷却肉	微冻肉	冻结肉	冷却肉	微冻肉	冻结肉	冷却肉	微冻肉
1d									
2d									
3d									
4d									
5d									
6d									
7d									
8d									
9d									
10d									
14d									
20d									

六、思考题

1. 不同的保鲜温度下，引起肉类变质的主要原因各是什么？
2. 绘出挥发性盐基氮、弹性、剪切力变化的曲线图。

实验五 牛肉干制作

一、实验目的

1. 了解脱水干制原理。
2. 掌握传统牛肉干的加工方法，并会与目前市场上流行的牛肉制品进行比较。

二、实验原理

脱水干制是为了除去食品中所含的水分，在室温下长期保存食品。食品脱水后，重量减轻、体积减小，便于运输、携带。随着水分活度的下降，食品中的微生物逐渐进入休眠状态，食品不易腐败。

三、仪器和设备

盆、盘、刀、高压锅、烘箱、TA—XT2i 物性测定仪等。

四、主要原料和试剂

1. 牛胸肉。
2. 香辛料、食盐、酱油、白砂糖、56°白酒等。

五、实验方法

1. 工艺流程。

原料肉→清洗、切块→预煮→调味→烘干→包装

2. 操作要点。

(1) 配料。牛胸肉 5kg，酱油 250g，白砂糖 300g，56°白酒 100g，味精 25g，咖喱粉 25g，食盐 15g。

(2) 切块。将清洗后的牛胸肉切成约 2cm×1cm×0.5cm 的小块。

(3) 预煮。将切好的牛肉块放入冷水锅中，煮沸约 1min，捞出。

(4) 调味。将预煮后的牛肉块置于高压锅中，加入(1)中食盐、酱油、白砂糖、白酒、味精、咖喱粉，焖烧 5min。

(5) 烘干。将调味后的牛肉块置于烘箱内在 60℃下烘烤 2h，然后提高温度至 80℃，烘烤 1h。

(6) 测定牛肉干的水分和水分活度，与市售的牛肉干作比较。

(7) 用物性测定仪测定牛肉干的硬度，与市售的牛肉干作比较。

六、思考题

1. 水分和水分活度对微生物活动的意义是什么？
2. 干制食品对包装、运输的意义体现在何处？

实验六 广式香肠制作

一、实验目的

1. 了解香肠制作工艺中的腌制原理。

2. 掌握广式香肠的加工方法。

3. 了解其工艺特点与品质之间的关系。

二、实验原理

腌制是借助盐或糖扩散渗透到肉组织内部，降低肉组织内部的水分活度，提高渗透压，选择性控制有害微生物或腐败菌的生长活动，期间伴随着发色、成熟的过程。

三、仪器和设备

台秤、天平、灌肠设备、绞肉机、盆、盘、刀等。

四、主要原料和试剂

1. 猪肉（瘦肉、肥膘）、肠衣、细绳。

2. 食盐、硝酸盐、酱油、白砂糖、白酒、味精等。

五、实验方法

1. 工艺流程。

原料肉→切丁→拌料→灌制→漂洗→晾晒、烘烤→成熟

2. 操作要点。

(1) 原料肉切丁。选择新鲜的猪后腿瘦肉、肥膘，分别用人工或机械切成大小均匀的肉丁（肥膘粒 $9mm^3 \sim 10mm^3$，瘦肉粒 $10mm^3 \sim 11mm^3$），肥膘粒用 40℃～50℃温水清洗，除去表面杂质和浮油。

(2) 拌料。以普通广式香肠为例，肉丁（肥、瘦比为 3 ∶ 7）50kg，食盐 1.2kg～1.4kg，硝酸盐 25g，生抽酱油 1.5kg～2.0kg，白砂糖 3.5kg～4.0kg，60°白酒 1.5kg～7.5kg。将肉丁放于容器中，其余配料用温水（水温 50℃左右，用水量为肉重的 10%）溶化，加入肉馅中充分搅拌均匀，肥、瘦肉丁不得黏结，静置片刻即可灌肠。

(3) 灌肠。肠衣事先泡软，将上述配料以灌肠机灌入肠中。灌制后，以细针在肠体上均匀刺孔，以排出肠内多余水分和空气，并用细绳结扎成每段 14cm～16cm 的节。

(4) 漂洗。结扎好的香肠先放在 60℃～70℃的温水中摆动清洗，去除表面的浮油和汁水，再入冷水池漂洗。

(5) 晾晒、烘烤。将洗涤后的香肠置于阳光下晾晒 3h～4h（若无后续烘烤，则需 2d～3d），使水分初步蒸发，肠体表面收缩，入烘房。烘烤条件为第一阶段

60℃～65℃，15h；第二阶段 47℃～52℃，33h～47h。

（6）成熟。晾晒、烘烤后的香肠，穿挂好，置于通风良好的场所晾挂成熟。

六、思考题

1. 在广式香肠的加工中抑制有害微生物或腐败菌的生长活动的物质是什么？请加以解释。

2. 烘烤条件的变化依据是什么？

实验七　西式火腿制作

一、实验目的

1. 了解腌制过程中硝酸盐作用原理，以及滚揉制作过程的原理。

2. 掌握西式火腿的加工方法，并会与中式肉制品进行比较。

二、实验原理

1. 腌制。

一定量的食盐可以提高肉制品的渗透压、降低食品中的水分活度，因此起到抑菌防腐的作用。而且 Na^+ 能和细胞原生质中的阴离子结合，对微生物产生毒害作用。但在本实验中，由于食盐用量并不高，起作用的主要是硝酸盐。

（1）发色。首先，在酸性条件下硝酸盐被还原性细菌作用形成亚硝酸盐，再进一步形成亚硝酸。

$$NaNO_3 \rightarrow NaNO_2 + 2H_2O$$

$$NaNO_2 + CH_3CHOHCOOH \rightarrow HNO_2 + CH_3CHOHCOONa$$

其次，亚硝酸是一个很不稳定的化合物，在腌制过程中被还原为一氧化氮（NO）。

$$HNO_2 \rightarrow NO + H_2O$$

最后，一氧化氮（NO）与还原状态的肌红蛋白（Mb）反应，结合生成 NOMb。

$$NO + Mb \rightarrow NOMb$$

NOMb 是构成腌肉颜色的主要成分。

(2) 抑菌。亚硝酸盐对肉毒梭状芽孢杆菌有专项抑制作用。而肉毒梭状芽孢杆菌是低酸性食品中危害最大的微生物。

(3) 成熟。在腌制过程中除了肉色的变化以外,还存在使肉制品产生风味、口感和质构等变化的一系列化学、生化反应。

2. 滚揉。

滚揉是利用机械的摔打、按摩,促使肌肉纤维松散,方便腌制液的渗透和肌动球蛋白的渗出。

三、仪器和设备

冰箱、滚揉机、刀、砧板、容器、火腿模具、耐蒸煮(100℃)塑料袋。

四、主要原料和试剂

1. 瘦猪肉。

2. 食盐、葡萄糖、硝酸钠、磷酸盐、淀粉、明胶、琼脂、奶粉、白酒、味精、Vc 香辛料等。

五、实验方法

1. 工艺流程。

配料

↓

原料肉→修整、切块→腌制→滚揉→装模→煮制→冷却→冷藏

2. 操作要点。

(1) 原料肉修整、切块。选择健康、新鲜的猪后腿瘦肉,去除脂肪、结缔组织、淤血等,切成约 100g～200g 大小的块。

(2) 腌制。瘦猪肉 2.5kg,食盐 50g,葡萄糖 15g,硝酸钠 250mg,用 200mL 温水(水温 50℃ 左右)将配料溶化,与肉块拌合均匀,放入冰箱(2℃ ～ 4℃)腌制48h～72h。

(3) 滚揉。

① 配料:淀粉 50g,明胶 2g,琼脂 2g,磷酸盐适量,奶粉 10g,Vc 适量,56°白酒适量,味精 10g。

② 滚揉:将除淀粉之外的配料加入 100mL 水中适当溶解,将淀粉撒在腌制好的肉块上一同放入滚揉机,间歇滚揉,共 2h。

(4) 装模。将经过滚揉的肉块先装入塑料袋,再放进火腿模型中,压紧模具上

的盖。

(5) 煮制。将装模后的火腿放在蒸煮锅中煮制，水温维持在90℃～95℃，火腿中心温度可达68℃～72℃，煮制2.5h～3h。

(6) 冷却、冷藏。煮熟的火腿分两阶段进行冷却，第一阶段把火腿浸入冷却水槽中，使温度下降到38℃～40℃；第二阶段把降温后的火腿送入0℃冰箱内，冷藏12h～15h，即为成品。

六、思考题

1. 腌制时为何要加葡萄糖？
2. 肌动球蛋白有何特性和作用？
3. 配料加入磷酸盐的意义？为什么要在滚揉时加？

实验八　红烧扣肉软罐头制作

一、实验目的

1. 了解罐头食品的保藏原理。
2. 掌握肉类罐头的杀菌方法。

二、实验原理

罐头食品能够长期保存的原因有两个：一是经过抽真空、密封；二是经历了特定温度下一定时间的加热杀菌。不同pH范围的食品，杀菌时的主要对象菌不同，故杀菌条件也大相径庭。

三、仪器和设备

真空包装机、高压灭菌锅、调味锅、刀、砧板、复合蒸煮袋等。

四、主要原料和试剂

1. 带皮猪肋条肉。
2. 酱油、白砂糖、黄酒、生姜、青葱等。

五、实验方法

1. 工艺流程。

原料肉处理→预煮→上色油炸→切片→复炸→调味→装袋→抽真空、密封→杀菌→冷却→成品

2. 操作要点。

(1) 原料肉处理。选择健康、新鲜的带皮猪肋条肉，切成10cm×5cm的块。

(2) 预煮。水与肉之比为2∶1，预煮时加入生姜、青葱，煮至八分熟时捞出。

(3) 上色油炸。趁热将肉皮表面的水分揩干，均匀涂上糖液(饴糖与水之比为2∶1)。在200℃～220℃油锅中炸约45sec，至肉皮表面呈棕红色，起皱，瘦肉转黄色，捞出、沥油，投入冷水中冷却。

(4) 切片、复炸。将油炸后的肉切成1.2cm～1.5cm厚的肉片，再投入180℃～190℃的油锅中炸约30sec，至肉片表面稍转黄色，捞出、沥油，投入冷水中冷却。

(5) 调味。一般以炸后的肉量为基数，添加10%的酱油、3%的白砂糖、8%的黄酒等于锅中加水混合，放入肉片煮制数分钟。

(6) 装袋。将肉片从调味锅中捞出，沥去汤汁，装入复合蒸煮袋。

(7) 抽真空、密封。用真空包装机将袋了抽真空、密封。

(8) 杀菌与冷却。于121℃，恒温20min下使用全自动电加热式杀菌锅进行。其操作步骤如下：

① 开机前检查蒸汽、压缩空气、水源、电源是否正常。

② 打开控制柜总电源，启动操作控制面板。打开快捷键菜单上的参数设定，输入六位密码后按产品要求进行参数设置。

③ 将产品装入锅内，关好锅门(如下罐门未关，黄色警示灯亮，下罐不能进入程序，但上罐运行不受下罐锅门限制)，打开充气阀，启动空气压缩机。

④ 在运行画面中按手动和自动转换键(ON为自动状态)，按下“运行键”，杀菌锅将在微电脑控制下自动运行。回复到流程画面。

⑤ 上罐自动进水，达到上限后自动停止进水，开始加热，压力达到0.3MPa时自动停止加热。下罐锅门关闭后，将自动进气，达到设定压力(必须大于0.15MPa)后停止进气。法兰充气阀自动加压到0.15MPa左右，停止法兰进气，关闭法兰充气阀，它不受设定压力影响。充气结束后开始自动给下罐进水，达到上限后停止进水。

⑥ 上罐压力达到0.3MPa后，蒸汽阀自动打开为下罐提供蒸汽，循环加热至

设定的第一次升温温度，停止加热后开始计时；达到设定时间后开始第二次升温，温度达到设定值后停止加热，开始第二次计时；到达设定杀菌时间后，排掉下罐热水，打入冷水；达到第一次降温温度时停止进水，开始循环、计时，时间到后二次打入冷水，降温到设定温度后，开始计时；时间到，排水至下限，锅内压力为零，此时红色警示灯亮，表示整个过程完成。

⑦ 打开法兰放气阀，旋开锅门取出产品。关闭空气压缩泵。

⑧ 杀菌完毕后，认真清洗杀菌锅内污垢。

⑨ 关闭控制柜、空气压缩泵电源及进水管水源。

六、思考题

1. 杀菌温度为何要采用121℃？

2. 冷却时为何要等高压灭菌锅压力降至常压（或温度降至100℃以下）才能打开锅盖？

实验九　皮蛋加工

一、实验目的

1. 了解皮蛋加工原理。

2. 掌握皮蛋的加工工艺、加工特点与工艺要求。

二、实验原理

皮蛋加工的原理主要是禽蛋的蛋白质遇到料液（或料泥）中的氢氧化钠后发生变性而凝固。同时由于蛋白质中的氨基与糖中的羰基在碱性环境中产生美拉德反应使蛋白形成棕褐色。由于蛋白质所产生的硫化氢和蛋黄中的金属离子结合而使蛋黄产生各种颜色。另外，茶叶也对蛋身颜色的变化起一定作用。

三、仪器和设备

坛、小缸、秤、蛋框、照蛋灯、特制捞子、竹盖、打料机、胶皮手套等。

四、主要原料和试剂

1. 鲜鸭蛋。

2. 石灰、纯碱、碳酸钠、食盐、氧化铅(又称黄丹粉)、红茶末、开水、黄泥、稻壳、纯碱、草木灰、氯化钡、酚酞指示剂等。

五、实验方法

1. 工艺流程。

辅料选择→配料→检料→灌料

↓

原料蛋挑选、分级→洗蛋、晾干→装坛→泡制、成熟→出坛→品质检验→涂泥包糠→密封贮藏→成品

2. 操作要点。

(1) 料液的配制。

参考配方:以 100 枚鸭蛋计,水 5kg,纯碱 325g～400g,石灰 1.1kg～1.2kg,红茶末 250g,食盐 175g～250g,氧化铅 10g～15g。

制法:将红茶末放入坛内,加入约 2/3 坛的开水将茶泡开,然后分批投入石灰(注意控制每次投入的石灰量,否则会造成沸水溅出而伤人),同时把纯碱投入另一小缸内,用约 1/3 坛的开水溶解后灌入坛中,最后把氧化铅、食盐投入坛内并充分搅拌,等料液冷却至 25℃以下才能使用。配料应准确称量,料液应保持清洁。

(2) 检料。取澄清料液 4mL 加入 250mL 三角瓶中,加水 100mL,加入 10%氯化钡溶液 10mL,摇匀,静置片刻,加 0.5%酚酞指示剂 2 滴,用 1mol/L 盐酸标准溶液滴定至溶液的粉红色恰好消退为止。则 1mol/L 盐酸标准溶液的毫升数即相当于氢氧化钠的百分含量,料液中的氢氧化钠含量要求达到 4%～5%。若碱度过大,用烧开之后晾凉的红茶开水稀释;碱度过小则用 10%的氢氧化钠溶液调和。

(3) 装坛、灌料、泡制。将检验合格的鸭蛋一层一层横着放入清洁的坛中,最好在底层铺一层麦秸,以免底层蛋接触坛底而被碰破,蛋要放平稳,不可搭空,以防震碎蛋壳。最上层的蛋离坛口 15cm～17cm 左右,然后将配好并已冷却的料液在不断搅拌下徐徐倒入坛内,料液灌好后,上用竹盖撑入坛内,防止蛋漂浮露出液面,最后加盖密封。坛上贴标签,注明泡制日期、批次、数量、料液碱度、制作者等。

(4) 成熟。成熟期间室温要保持 20℃～25℃,最低不能低于 15℃,最高不能超过 30℃。如果室温过高或过低,则因地制宜进行调整。浸料过程中必须密切关注鸭蛋的变化情况,一般来说,在整个成熟过程中要进行三次检查。

① 第一次检查:鲜蛋入坛后,夏天(25℃～30℃)经 5d～6d;冬天(15℃～

20℃)经 7d～10d 即可检查。用灯光透视，如果发现蛋黄贴蛋壳一边，类似鲜蛋的黄搭壳，蛋白呈阴暗状，说明料液碱性太弱，需及时补料。若整个蛋大部分发黑，说明料液碱性太浓，必须提早出坛。

② 第二次检查：鲜蛋入坛 15d 左右，可以剥壳检查，此时蛋白已经凝固，表面光洁，褐中带青，全部上色，蛋黄已变成褐绿色。

③ 第三次检查：鲜蛋入坛 20d 左右剥壳检查，蛋白凝固很光洁，不粘壳，呈棕黑色，蛋黄呈绿褐色，蛋黄中心呈淡黄色溏心。此时如发现蛋白烂头和粘壳现象，说明料液太浓，必须提前出坛。如发现蛋白软化，不坚实，表明料性较弱，宜稍推迟出坛时间。

(5) 出坛。经检查已成熟的皮蛋应立即出坛。出坛时用特制的捞子将蛋轻轻捞出，放入预先浸在冷开水(不能用生水)中的蛋框里，发现次、破、劣蛋壳随之拣出，将蛋框在水中摇晃，洗去蛋壳上粘附物，捞出后摆在木架上沥水晾干送检。

(6) 品质检验。皮蛋包涂前必须进行品质检验，剔除破、次、劣蛋，以保证皮蛋的质量。检验方法主要为“一观、二掂、三摇晃、四弹、五照、六剥检”。

① 观：观察皮蛋的壳色和完整程度，剔除蛋壳黑斑过多的蛋和裂纹蛋。

② 掂：即用手掂蛋。将皮蛋放在手中，抛起 13cm～17cm 高，连抛数次，好蛋有轻微的弹性，若无弹性感则为次劣皮蛋。

③ 摇晃：即用手摇晃。方法是用拇指、中指捏住皮蛋的两端，在耳边上下左右摇晃两、三次，听其有无水响声。无水响声的为好蛋；如听到内部有水流的撞击声，即为水响蛋；若只听到一端发出水荡声音即为烂头蛋。

④ 弹：即用手指弹。将皮蛋放在左手掌中，以右手食指轻轻弹打蛋的两端，弹声如为柔软之“特”、“特”声即为好蛋，如发出比较生硬的“得”、“得”声便是劣蛋。

⑤ 照：即用照蛋灯透视。若发现皮蛋大部分呈黑色(墨绿色)，蛋的小头呈黄棕色或微红色即为优质皮蛋。若蛋内大部分或全部呈黄褐色并有轻微移动现象，即为未成熟的蛋。若蛋内呈黑色暗影并有水泡阴影来回转动，即为水响蛋。若蛋的一端呈深红色即为烂头蛋。

⑥ 剥检：在样品中抽取约 10%有代表性的样品皮蛋剥壳检验，先观察外形、色泽、硬度等情况，再用刀纵向剖开，观察其内部蛋黄、蛋白的色泽、状态，最后用鼻嗅、嘴尝，评定其气味、口味，以便总结经验。

(7) 涂泥包糠。鲜蛋经过浸泡后，蛋壳变脆易破损，另一方面未包料的皮蛋受热、受寒、受潮容易变色变质。为了延长保存时间，必须涂泥包糠。方法是用残料加黄泥调成浓厚浆糊状(注意不可掺用生水)。两手戴手套，左手抓稻壳，右手用泥刀取 50g～100g 料泥在稻壳上同时压平放皮蛋于泥上，双手团团搓几下即可包好。

(8) 密封贮藏。包好料泥的皮蛋迅速装缸密封贮藏。保藏期间要注意不使料泥干裂，甚至脱落，否则会引起皮蛋变质。

六、思考题

1. 皮蛋成型、发色与产味的原理是什么？
2. 解释皮蛋加工中各种辅料的作用？

实验十　咸蛋加工

一、实验目的

1. 了解咸蛋加工的原理。
2. 掌握咸蛋的加工要点。

二、实验原理

加工咸蛋可增加其保藏性。咸蛋主要用食盐腌制而成，食盐渗入蛋中，由于食盐溶液产生的渗透压使微生物细胞体内的水分渗出，从而抑制了微生物的发育，延缓蛋的腐败变质速度，同时食盐可以降低蛋白酶的活性，延缓蛋内容物的分解变化速度，使咸蛋的保藏期较鲜蛋长。

三、仪器和设备

小缸或小坛、台秤、木棒、竹箅等。

四、主要原料和试剂

1. 鲜鸭蛋或鸡蛋。
2. 食盐、黄泥、净水。

五、实验方法

1. 工艺流程。

鸭蛋→清洗→晾干→配料→腌制→成熟

2. 操作要点。

(1) 盐泥涂布法。

① 配料。以1000枚鸭蛋计，食盐7.5kg，干黄泥8.5kg，净水4kg。

将选择好的干黄泥放在缸或木桶内加水充分浸泡，然后用木棒搅和，使其成糊状，再加入食盐继续搅拌均匀。

② 上料。将经过挑选合适的鸭蛋逐枚放入泥浆中(每次3个～5个)，使蛋壳上粘满盐泥，再取出放入缸内，最后把剩余的盐泥倒在蛋面上，盖上缸盖即可。

③ 成熟。盐泥咸蛋春秋季35d～40d成熟，夏季20d～25d即可成熟。

(2) 盐水浸泡法。

① 盐水的配置。用开水把食盐配成浓度为20%的盐水，冷却至20℃左右待用。夏天盐水浓度可以略微提高。

② 原料、用具准备。将挑选合格的蛋用凉开水洗净晾干；装蛋的缸要用沸水洗涤并抹干。

③ 浸泡。将蛋整齐地摆放在缸内，至缸口5cm～6cm处，盖上竹箅并卡住，以防移位；将晾凉的盐水缓慢倒入其中，使蛋全部淹没，然后加盖密封使其成熟。

④ 成熟、贮存。盐水腌制的咸蛋成熟期要比盐泥涂布法短，主要由于盐水对鲜蛋的渗透作用较快。一般其成熟期为夏季15d～20d，春秋25d～30d即可成熟，腌制时间不宜过长，以防蛋壳上生黑斑、蛋体发臭。

六、思考题

比较两种咸蛋制作过程、成品质量，观察其不同点。

实验十一　糟蛋加工

一、实验目的

1. 了解糟蛋加工的原理。
2. 掌握糟蛋的加工要点。

二、实验原理

糯米在酿制过程中淀粉被分解成糖类，再经酵母酒精发酵产生醇类(主要为乙醇），同时一部分醇类氧化转变为乙酸（醋酸），加上添加的食盐，共同存在于酒糟中。这些物质通过渗透和扩散作用进入蛋内，发生一系列物理和化学的变化，最主要的是酒糟中的乙醇和乙酸使蛋白和蛋黄中的蛋白质发生变性和凝固，但酒糟中的乙醇和乙酸含量不高，故不致使蛋中的蛋白质发生完全变性和凝固，所以糟蛋蛋白呈乳白色或酱黄色的胶冻状，蛋黄呈桔红色或桔黄色的半凝固柔软状态。酒糟中的乙醇和糖类（主要是葡萄糖）渗入蛋内，使糟蛋带有醇香味和轻微的甜味；酒糟中的醇类和有机酸渗入蛋内后在长期的作用下，产生芳香的酯类，使糟蛋具有特殊浓郁的芳香气味。酒糟中的乙酸使蛋壳变软，溶化脱落成软壳蛋。因蛋壳的主要成分为 $CaCO_3$，遇到乙酸后产生容易溶解的醋酸钙，所以蛋壳首先变薄、变软，最后慢慢与壳内膜脱离而脱落，使乙醇等有机物更易渗入蛋内。壳内膜的化学成分主要是蛋白质，且其结构紧密，微量的乙酸对其不易产生破坏作用，所以壳内膜完整无损。糟蛋在糟渍过程中加入食盐，不仅赋予咸味，增加风味和适口性，还可增强防腐能力，提高贮藏性。鸭蛋在糟渍过程中，由于酒糟中乙醇含量较少，所用食盐也不多，所以糟蛋糟渍成熟时间长，但在乙醇和食盐长时间作用下（4 个月至 6 个月），能抑制蛋中微生物的生长和繁殖，特别是沙门氏菌可以被杀灭，因此糟蛋可生食。

三、仪器和设备

缸、锅、蒸饭桶、淋饭架、坛、电炉。

四、主要原料和试剂

1. 鲜鸭蛋。
2. 优质糯米、食盐、甜酒药、白酒药。

五、实验方法

1. 工艺流程。

（1）酒糟制作。

糯米→淘洗→浸米→蒸饭→淋饭→加酒药及酿糟

（2）糟蛋制作。

鸭蛋→清洗晾干→击蛋→入坛糟制→成熟

2. 操作要点。

（1）糯米酿糟。

① 浸米。取糯米 9.5kg～10kg 淘净后放入缸内，加入冷水浸泡，气温 20℃时浸泡 24h。若气温较低或较高，可适当延长或缩短浸泡时间。

② 蒸饭。在蒸饭前，先将锅内水烧开，再把浸好的糯米从缸中捞出，用冷水冲洗一次，倒入蒸饭桶内，四周铺平，然后将蒸饭桶放在蒸板上，待蒸汽从锅内透过糯米上升后，用木盖盖好，蒸约 10min 左右；用炊帚蘸热水散泼在米饭上，再盖好蒸 15min；用木棒将米搅拌一次，再蒸 5min，使米饭全部蒸透。

③ 淋饭。将蒸好饭的蒸桶放于淋饭架上，用冷水浇淋使米饭冷却到28℃～30℃。

④ 拌药酒及酿糟。将淋水后的饭沥去水分，倒入缸中，加上磨成粉末状甜酒药 200g 和白酒药 100g 并搅拌均匀，拍平、拍紧，表面再撒一层酒药，中间挖一个直径约 30 厘米的潭，上大下小。潭穴深入缸底，潭底不要留饭。缸口用清洁干燥的草盖盖好，缸外包上保温用的草席。经过 22h～30h，洞内酒汁有 3cm～4cm 深时，可除去保温草席，每隔 6h 把酒汁用小勺舀泼在糟面上，使其充分酿制。经过 7d 后，将酒糟拌和均匀，静置 14d 即酿制成熟可供糟蛋使用。品质优良的酒糟色白、味香、带甜味，乙醇含量为 15%左右，波美度 10°B′e 左右。如发现酒糟发红，有酸辣味，则不可使用。

(2) 洗蛋击壳。将新鲜鸭蛋 100 枚，洗净、晾干。手持竹片（长 13cm、宽 3cm、厚 0.7cm），对准蛋的纵侧从大头部位轻击两下，在小头部位再击一次，要使蛋壳略有裂痕，而壳内膜不能破裂。

(3) 装坛、封坛。

① 蒸坛。糟制前检查坛是否破漏后，用清水洗净，蒸汽消毒。

② 落坛。取经过消毒的糟蛋坛，用酿制成熟的酒糟 4kg（底糟）铺于坛底，摊平后，将击破蛋壳的蛋放入。蛋大头朝上插入糟内，蛋间间隙不宜过大，以蛋四周均有糟且能旋转自如为宜。第一层蛋排好后再放酒糟 4kg，放上第二层蛋。一般第一层放 50 枚，第二层放剩下的 50 枚，每坛放两层共 100 枚。第二层排完后，再用酒糟摊平盖面，然后均匀地撒上 1.5kg 食盐。

③ 封坛。蛋入糟后密封，标明日期、蛋数、级别，以便检查。封坛的目的是防止乙醇和乙酸挥发及细菌的侵入。

(4) 成熟。糟蛋的成熟期为 4 个半月至 5 个月。第 5 个月时蛋壳大部分脱落，或虽有部分附着，但只要轻轻一剥即脱落。蛋白成乳白色嫩软的胶冻状，蛋黄呈桔红色或桔黄色的半凝固状，此时蛋已糟制成熟。糟蛋为冷食产品，不必烹调加佐料，划破蛋壳膜即可食用，味道醇香可口，食后余味绵绵。

六、思考题

1. 糟蛋在加工过程中为什么不会腐败？

2. 在击壳的步骤中，万一用力太大，把壳肉膜也击破，这样对糟蛋的成品有什么影响？

3. 为什么有时制的酒糟会发红，并有酸辣味，如何防止这类情况的发生？

实验十二　蛋黄酱制作

一、实验目的

1. 了解蛋黄酱制作原理。
2. 掌握蛋黄酱的加工要点。

二、实验原理

蛋黄酱是用蛋黄使醋与植物油混合乳化，再添加食盐、糖、香辛料等调制而成。它是不加任何合成着色剂、乳化剂、防腐剂的天然、风味浓郁独特的高营养半固体状调味品。乳化是蛋黄酱制作的关键。油与水是互不相溶的液体，使其形成稳定混合液的过程叫乳化。通常把油相以极细微粒分散于水中形成的乳化液称为水中油型(O/W)乳化液，反之则称为油中水型(W/O)乳化液，蛋黄酱就是一种 O/W 型接近于半固体状的乳化液。

乳化不仅要靠强烈搅拌使分散相微粒化，均匀分散于连续相中，而且还需要有乳化剂的存在。乳化剂分子是由亲油的非极性基团和亲水的极性基团组成，因此乳化剂能为油水结合起媒介作用。乳化剂它不仅可以降低油水两相间的表面张力，有利于分散相微粒化，同时也因乳化剂分布在微粒表面，防止了微粒的并合，因此乳化剂不仅能使乳化易于进行，而且能使形成的乳化液更稳定。

蛋黄酱是含油大于65%的 O/W 型乳化液，蛋黄就是乳化剂。蛋黄的成分如下：蛋白质 16.6%，脂肪 32.6%，糖类 1.0%，灰分 1.0%，水分 48.7%。脂肪中的磷脂占 32.8%，磷脂中卵磷脂约 58%，脑磷脂约 42%，在新鲜蛋黄中卵磷脂多与磷蛋白质结合成不稳定络合物脂蛋白(即蛋黄脂磷蛋白和蛋黄磷核蛋白)这就是形成蛋黄酱的良好乳化剂，蛋黄中的其他蛋白质、磷脂、固醇等也具有一定的乳化作用，但是如果单独使用卵磷脂或磷蛋白质，其乳化能力就不能充分发挥。

三、仪器和设备

陶瓷盛器、蛋抽等。

四、主要原料和试剂

1. 蛋黄。

2. 植物油、白醋、食盐、白砂糖、芥末酱、柠檬汁、香辛料等。

五、实验方法

1. 工艺流程。

蛋黄→加调料→搅匀→注油搅打→加料搅打→制成浆糊状成品

2. 操作要点。

参考配方：色拉油 75%～80%，白醋 9.4%～10.8%，蛋黄 8%～10%，砂糖 1.5%～2.5%，食盐 1.5%，香辛料 0.6%～1.2%。

将蛋黄纳入陶瓷盛器中，加食盐、白砂糖、芥末酱、胡椒粉，用蛋抽先慢慢搅匀，再注入少量植物油，就这样不停地边注油边搅打，当达到浓稠时放入冷开水、白醋、柠檬汁，再继续搅打直至把油加完，搅成浆糊状且质地均匀，即成。

蛋黄酱的制作关键是其搅拌过程。先将蛋黄液搅打起泡后，方可加入植物油，且不可一次性加入，而是分 3～4 次缓慢、少量地加入，以保证加入的植物油被充分乳化。

质量要求：色泽浅黄、均匀、有光泽；形态糊状、不流散、表面无油滴；口味清香、有爽口的酸甜咸味；口感绵软、细腻。

六、思考题

1. 请说明蛋黄酱的灭菌条件是什么？

2. 蛋黄酱与沙拉酱有什么不同？

第三章　水产食品工艺实验

实验一　水产品鲜度的感官评定

一、实验目的

1. 掌握鱼类鲜度等级的划分标准和感官鉴定鱼类鲜度的方法。
2. 掌握评定鱼类鲜度的感性知识。

二、实验原理

食品的感官评定是根据人的感觉器官对食品的各种质量特征的"感觉"，如：味觉、嗅觉、视觉、听觉等，用语言、文字、符号或数据进行记录或描述，也可结合运用概率统计原理进行统计分析，从而对食品的色、香、味、形、质地、口感等各项指标做出评价而得出结论的方法。感官评定在食品工业中的应用日益广泛和深入，已成为食品科学的重要分支学科。水产品的鲜度评定就是运用食品的感官评价的原理，结合水产品的特点而进行的。

鱼类死后，随着放置的时间延长其鲜度会逐渐下降。鱼体鲜度下降是由于鱼体内生化变化及外界生物和理化因子综合作用的结果，这些结果往往又会表现在鱼眼球塌陷、肌肉弹性下降、鳞片暗淡无光泽、肛门突出等感官指标上，我们通过这些感官指标进行综合判断，就可以定性评定出鱼体的鲜度。

三、仪器和设备

剪刀、镊子、托盘、玻璃棒等。

四、主要原料

各种不同鲜度的鱼类。

五、实验方法

1. 通过视觉、味觉、嗅觉、触觉判定鱼体表、鳞、鳃、眼睛、肌肉所呈现出来的不同鲜度状况。

2. 鲜度判定的标准如表 3－1 所示。

表 3－1　鱼类鲜度感官质量指标

项目＼等级标准	Ⅰ(7 分～10 分)	Ⅱ(4 分～6 分)	Ⅲ(1 分～3 分)	Ⅳ(0 分)
体表	具有鲜鱼固有的鲜明本色与光泽，粘液透明。	色泽暗淡，光泽差，粘液透明度较差。	色泽暗淡无光，粘液浑浊。	色泽晦暗，粘液污秽或干燥。
鳞	鳞完整或稍有花鳞，但紧贴鱼体，不易剥落。	鳞不完整，较易剥落。	鳞不完整，松弛，易剥落。	鳞容易擦落。
鳃	鳃盖紧合，鳃丝鲜红(或紫红色)清晰，无异味。	鳃盖较松，鳃丝呈紫红、淡红或暗红色，腥味较重。	鳃盖松弛，鳃丝粘连，呈淡红色、暗红色或灰红色，有明显腥臭味。	鳃丝粘结，覆有脓样粘液，有腐败臭味。
眼睛	眼球饱满，角膜光亮透明。	眼球平坦或稍有凹陷，角膜暗淡或微混浊。	眼球凹陷，角膜混浊或发糊。	眼球完全凹陷，角膜模糊或呈脓样封闭。
肌肉	肌肉坚实或有弹性，肌纤维清晰有光泽。	肌肉组织紧密、有弹性，压出凹陷能很快复平，肌纤维光泽较差。	肌肉松弛，弹性差，压出凹陷后，复平较慢，有异味，但无腐臭味。	肌肉纤维模糊，有腐败臭味。

3. 鱼类鲜度感官鉴定的评价标准，一般采用 0 分～10 分的分级标准对样品进行质量评价。一级：7 分～10 分；二级：4 分～6 分；三级：1 分～3 分；四级：变质、腐败为 0 分。

六、思考题

1. 试分析鱼类发生表 3－1 中变化的原因。
2. 水产品的鲜度评定在实践中有什么应用？
3. 试讨论为了保持水产品的鲜度应采取怎样的措施。

实验二　水产品中挥发性盐基氮测定

一、实验目的

1. 掌握水产品常用的鲜度的测定方法和评定指标。
2. 了解挥发性盐基氮测定在水产品中的意义。

二、实验原理

挥发性盐基氮是指动物性食品由于酶和细菌的作用，在腐败过程中使蛋白质分解而产生氨以及胺类等碱性含氮物质。挥发性盐基氮含量越高，表明产品的新鲜程度越差，这种产品消费者食用后会对身体健康带来危害。水产品由于水分含量较高、游离氨基酸多、蛋白质含量丰富等原因从而是各种细菌生长的良好载体，并且水产品中还含有较多的酶类，因此，特别容易腐败变质，存放条件差或产品存放时间过长即发生腐败。水产品的鲜度是水产品重要的质量指标，对水产品的质量和商品价值有重要的影响。因此对水产品鲜度的测定具有重要意义。

水产品中蛋白质分解而产生氨及胺类等碱性含氮物质具有挥发性，在碱性溶液中随同水蒸气一起被蒸馏出来，冷凝后被硼酸吸收，然后可用标准酸溶液滴定计算含量。

三、仪器和设备

凯氏蒸馏装置、微量滴定管(最小分度 0.01mL)、捣碎机、冰箱。

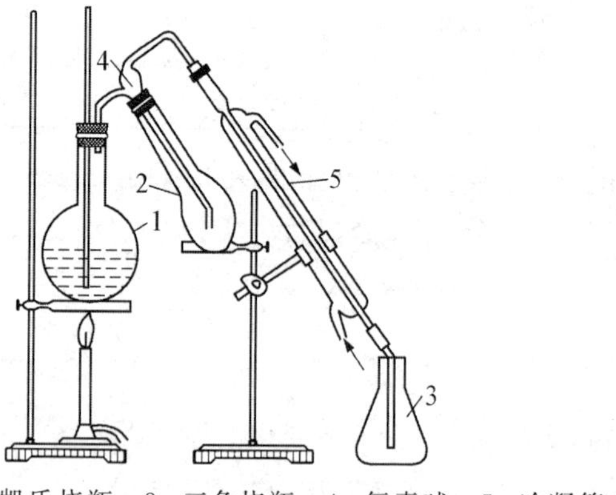

1. 烧瓶　2. 凯氏烧瓶　3. 三角烧瓶　4. 氮素球　5. 冷凝管

图 3－1　凯氏蒸馏装置

四、主要原料和试剂

1. 氧化镁悬浊液(10g/L)：取 1.0g 氧化镁，加 100mL 水，振摇成悬浊液。
2. 硼酸吸收液(20g/L)。
3. 盐酸(0.010mol/L)或硫酸(0.010mol/L)的标准滴定溶液。
4. 甲基红—乙醇指示剂(2g/L)。
5. 次甲基蓝指示剂(1g/L)。

注：使用时将上述 4、5 两种指示液等量混合为混合指示剂。

五、实验方法

1. 试样处理。

将试样除去脂肪、骨及腱后，绞碎搅匀，称取约 10g，置于锥形瓶中，加 100mL 蒸馏水，混匀并不时振摇，在冰箱中浸渍 30min 后过滤，滤液置冰箱备用。应注意使整个过程在较低的温度下进行。

2. 蒸馏滴定。

将盛有 10mL 硼酸吸收液及 5 滴～6 滴混合指示剂的锥形瓶置于冷凝管下端，并使其下端插入硼酸吸收液的液面下，准确吸取 5mL 上述试样滤液于蒸馏器反应室内，加 5mL 氧化镁悬浊液，迅速盖紧，并加水以防漏气，通入蒸汽，进行蒸馏，蒸馏 5min 即停止，硼酸吸收液用盐酸标准溶液或硫酸标准溶液滴定至蓝紫色。同时做试剂空白试验。

3. 计算。

试样中挥发性盐基氮的含量按下式进行计算。

$$X=\frac{(V_1-V_2)\times c\times 14}{m\times 5/100}\times 100 \qquad (2-1)$$

式中：X—试样中挥发性盐基氮的含量，[mg/100g]；

V_1—测定用样液消耗盐酸或硫酸标准溶液体积，[mL]；

V_2—试剂空白消耗盐酸或硫酸标准溶液体积，[mL]；

c—盐酸或硫酸标准溶液的实际浓度，[mol/L]；

14—与 1mL 盐酸标准溶液(1mol/L)或硫酸标准滴定溶液(1mol/L)相当的氮的质量，[mg]。

m—试样的质量，[g]。

六、思考题

1. 试样处理过程中为何要在较低的温度下进行？

2. 在加氧化镁悬浊液过程中及加后应注意什么问题，为什么？

3. 试述盐酸标准溶液或硫酸标准溶液的标定方法。

实验三 酶香鳓鱼加工

一、实验目的

1. 了解腌制加工的基本原理。
2. 掌握酶香鳓鱼的加工方法及操作要点。

二、实验原理

鳓鱼学名 llishaelongata，Chinese herring，又名曹白鱼、白鳞鱼、白鱼，属鲱科，我国渤海、黄海、南海和东海均有产，为近海中上层鱼类。鳓鱼体侧扁，口大向上倾斜，鳃孔大，体背淡青色，体侧腹部银白色，腹面有硬刺能勒人，故名。

图 3-2 鳓鱼

鳓鱼在我国渔业史上是最早的捕捞对象之一，已有 5000 多年历史。据山东省胶县三里河"新石器时代"的遗址中，多次在墓葬中发现鳓鱼骨头，以及在废坑中还有成堆的鳓鱼鳞片，说明那时候古人已经在海上捕鳓鱼。因而在古代文献中，不乏有关鳓鱼的记载。如宋代《雅俗稽言》上说："鳓鱼似鲥而小，身薄骨细，冬天出者曰'雪映鱼'，味佳，夏至味减，率以夏至前后以巨艘入海捕之。"明代《本草纲目》所述："鳓鱼出东南海中，以四月至，渔人设网候之，听水中有声则鱼至矣，有一次二次三次乃至，状如鲥鱼小者，细鳞，腹下有硬刺，如鲥腹之刺，头上有骨，合之如鹤喙形，干者谓之'鳓鲞'，吴人嗜之。肉甘平无毒，主治开胃暖中，作鲞尤佳。"可见古人已对鳓鱼作了较详实的记载。

鳓鱼以每年端午期间产量最丰，肉质细嫩，味道鲜美。每 100 克鱼肉约含蛋白质 20.2g、脂肪 5.9g，肉质肥美。鳓鱼加工方法有很多，主要有：用腌制工艺加工的咸鳓鱼、用酒糟制加工的糟鳓鱼及用发酵工艺加工的酶香鳓鱼等最负盛名。

酶香鳓鱼是利用在盐渍过程中鱼体各种酶类的自溶作用以及微生物在食盐抑制下的部分分解作用，使鱼体含有的蛋白质等营养成分分解为氨基酸类多种呈味物质，使制品具有特殊的酶香气味。

三、仪器和设备

陶罐或塑料桶、不锈钢盆、托盘、电子秤、压石、竹栅板、木板等。

四、主要原料和试剂

1. 新鲜鳓鱼。
2. 食盐。

五、实验方法

1. 工艺流程。
原料鱼挑选和预处理→盐渍→腌制发酵→压石→出料→包装
2. 操作要点。

(1) 原料的选择和处理。实验用的鳓鱼要鲜度高，鱼体鳞片完整且以产卵前饱满者为好。实验前洗去附着在体表的粘液和杂物，并打碎眼球膜，然后按鱼体大小分级后分别腌渍。经冻藏、冷藏后的鳓鱼不宜作为原料采用。

(2) 盐渍。左手握鱼，鱼腹向右方，拇指掀开鳃盖，右手以木棒自鳃部向鱼腹内塞盐，但不能捅破腹肉，以免影响发酵。再在鱼两鳃和鱼体上敷盐。所用盐以白色中粒最好。一般肚盐和鳃盐用量为鱼重的8%～10%。肚盐以在盐渍4d后能全部溶化为宜。

(3) 腌制发酵。腌制前先在桶底撒一层1cm厚的食盐，再将鱼投入桶内，使鱼头向桶边缘，鱼背朝上，鱼背压鱼腹，排放时头尾相间压紧，层鱼层盐，排列整齐，鱼体间要十分紧密，以免成品鳞片松弛。用盐总量为鱼重的30%～38%，要根据季节，鱼体大小而定。用盐过多会影响发酵，过少则容易腐败。

鱼体在腌制24h内变化不大，过后由于发酵分解，鱼体逐渐膨胀，约2d～3d，鱼体开始产生特有的酶香味，此时再进行压石。

(4) 压石。压石时间要严格掌握，太早制品易变黑，难以产生酶香；过迟则易因鱼体发酵过度而出现“泄肉”。当鱼体产生酶香味后，表明其肌肉已经发酵，此后不会再松软，故压石不宜太重，以免鱼体互相粘着。先在鱼层顶层上铺一张竹栅板和两块木板，板上压石。压石重量以将鱼层压到卤水水面下3cm～4cm为宜，压石时间视发酵程度及气温情况控制，一般为30d左右。

(5) 出料。移除压石及木板，随着制品的上浮，用手下压数次，使之在上下移动中洗去沉着在鱼体上的杂物。捞出成品，沥干卤水4h后再行包装。

(6) 包装。一般用木箱或竹筐包装，四周和底部先铺上一层竹叶，然后把鱼体排叠放入箱(筐)中，加入3%～5%的隔体盐，装满后盖上竹叶并加盖，包装后附上标签，注明制品名称、等级、毛重、净重、包装日期等。

表 3-2 酶香鳓鱼质量等级标准

等　　级	特　　征
一级品	鱼体完整，鳞片较齐全，体色青白，有光泽，气味正常并有香味。含盐量不超过 18%。
二级品	鱼体完整，鱼鳞有少量脱落，体色青白，色泽较差，肉质稍软，略有香气，气味正常。含盐量不超过 18%。
三级品	鱼体有机械伤，鱼鳞脱落较多，部分体色呈暗灰色或暗黄色，肉质较软，但无腐败臭味或异味。含盐量超过 18%。

六、思考题

1. 酶香鳓鱼发酵腌制过程中应注意的问题有哪些？
2. 讨论酶香鳓鱼发酵腌制过程中有哪些有益的微生物。

实验四　醉蟹加工

一、实验目的

1. 了解糟醉制品的加工原理。
2. 掌握糟醉制品的加工方法和操作要点。

二、实验原理

醉制品，亦称糟醉品。水产醉制品以其独特的风味和鲜明的地方特色深受古今中外食客的青睐，醉制法加工水产品是古老而又新鲜、独特的加工方法，其技术简单易学，很有推广价值。

醉制是采用酒糟或酒对鲜活水产品或盐干品调味渍藏的过程。它利用酒糟或酒的呈味成分的作用、酒精的杀菌作用和密封抑制好气菌的作用来提高水产品的风味和耐藏性。

三、仪器和设备

干燥箱、组织捣碎机、旋转式压片机、蒸煮锅。

四、主要原料和试剂

1. 河蟹或梭子蟹。

2. 食盐、酱油、酒、香辛料等。

五、实验方法

1. 工艺流程。

原料验收→预处理→分级清洗→沥水→盐渍→干燥→糟醉→封存→包装

2. 操作要点。

(1) 原料预处理。将选好的河蟹放入洁净水池内暂养 1d～2d,使其吐净泥沙污秽,要注意及时充氧、换水,并剔除死、病蟹。

(2) 分级清洗。选择每只体重 100g～125g,大小较为均匀的蟹作为本产品原料。清洗时用刷子仔细将蟹的腹背及毛爪洗刷干净。

(3) 辅料处理。辅料包括盐、粉、酱油、香辛料等,其中香辛料需研末后按比例混合,并炒香才能使用。香辛料配比：八角 0.4%、花椒 0.5%、茴香 0.3%、草果 0.4%、白芷0.4%、桂皮 0.3%、甘草 0.3%、橘皮 0.5%(注：配料量为腌制卤量的百分比)。用时将香料用纱布包扎好,均匀放在腌制卤中。

(4) 盐渍。腌制时要注意使用器具及腌制容器必须洗净并进行消毒杀菌处理。腌制时调料及配料需按次序先后放入,并和河蟹拌匀。腌制卤以完全浸没河蟹为宜。用盐量为鱼重的 7%～20%,时间为 1d～3d,适当加石压,以利脱水。盐渍时温度不宜过高,一般在 25℃以下。

(5) 干燥。盐渍后应立即取出原料,用清水洗去表面多余的盐卤及残留物,再适当晾干或晒干。

(6) 糟醉。调味料使用量,以能使鱼获得所需香味及足以腌藏原料为度,大约与原料等量或为原料的 1.5 倍左右。调味料所含主要成分,酒精为 5%～6%,并添加胡椒、茴香、大料、桂皮、花椒等香辛料。

(7) 封存。密封对糟醉制品的风味和贮藏有着很重要的意义。当制品隔绝空气后,好气菌不能繁殖,能提高保藏期。封存时宜采用牛皮纸密封坛口。

六、思考题

1. 在原料预处理过程中如何确保原料的质量?

2. 在醉蟹加工过程中如何确保质量安全?

实验五　烟熏海鳗加工

一、实验目的

1. 掌握烟熏加工工艺和加工原理。
2. 掌握水产品加工的方法。

二、实验原理

图 3－3　海鳗

传统的水产品熏制主要为提高制品的保藏性，但现代的熏制加工逐渐转向以赋予熏制品特有的色泽和风味为主要目的。传统熏制的方法有冷熏、温熏和热熏等。此外，近年来为缩短熏制时间，还发展了快熏、电熏等改进方法，但还不足以代替传统烟熏法。

熏制过程中，熏烟中各种脂肪族和芳香族化合物如醇、醛、酮、酚、酸类等凝结沉积在制品表面和渗入近表面的内层，从而使熏制品形成特有的色泽、香味和具有一定保藏性。熏烟中的酚类和醛类是熏制品特有香味的主要成分。渗入皮下脂肪的酚类还可以防止脂肪氧化。酚类、醛类和酸类对微生物的生长具有抑制作用。海鳗因含脂量高，烟熏后风味独特，不仅可作为休闲食品，而且还可作为罐装食品的原料，如用来加工油浸熏鳗等。

三、仪器和设备

烟熏炉、真空包装机、烘箱。

四、主要原料和试剂

1. 新鲜海鳗。
2. 熏材（一般选择含树脂较少的杉木、杨木等锯屑为熏材）。
3. 调味料：食盐、白砂糖、味精等。

五、实验方法

1. 工艺流程。

原料处理→盐渍→烘干→烟熏→包装→冷藏。

2. 操作要点。

(1) 原料处理。选用新鲜或解冻后的海鳗，经去头、去内脏后洗净，然后沿脊骨剖成两片，去脊骨、修除腹部肉，鱼片按大小厚薄分开。

(2) 盐渍。用饱和食盐水进行盐渍，盐水与鱼片之比通常为 1∶1，浸渍时间按鱼片大小、气温、鲜度或原料鱼情况而定，一般为 5h～10h。盐渍后水洗一次，沥干。

(3) 烘干。将鱼片挂在 60℃烘箱内烘 2h，干燥至鱼片表面略硬为宜。

(4) 烟熏。在温度为 50℃～60℃的烟熏炉内烟熏 3h～5h，熏至鱼片呈淡茶黄色即可。

(5) 包装与贮藏。烟熏结束后，用包装袋包装后即可出售。如要长时间贮藏，则需冷藏。我国生产鳗鱼罐头以油浸烟熏鳗鱼罐头为主，因此此制作可作为烟熏鳗鱼罐头的制作原料。

六、思考题

1. 烟熏海鳗及其他烟熏制品在生产加工过程中应如何保证产品的质量安全？

2. 采用烟熏的方法为什么可以提高产品的贮藏期？

实验六　珍味鱿鱼丝加工

一、实验目的

1. 了解鱿鱼丝的加工原理。

2. 掌握软体动物水产原料的一般处理方法。

二、实验原理

图 3-4　鱿鱼

鱿鱼，虽然习惯上称它们为鱼，其实它并不是鱼，而是生活在海洋中的软体动物。在分类学上，鱿鱼是属于软体动物门，头足纲，二鳃亚纲，十腕目的动物。鱿鱼体内具有二片鳃作为呼吸器官；身体分为头部、很短的颈部和躯干部。头部两侧具有一对发达的眼和围绕口周围的腕足。目前市场看到的鱿鱼有两种：一种是躯干部较肥大的鱿鱼，叫“枪乌贼”；一种是躯干部细长的鱿鱼，叫“柔鱼”，小的柔鱼俗名叫“小管仔”。鱿鱼，肉质细嫩，味佳，在国内外海味市场负有盛名，主要渔场在中国福建南部、台湾地区、广东和广西近海，以及菲律宾、越南和泰国近海。鱿鱼营养价值很高，是名贵的海产品。它和墨鱼、章鱼等软体腕足类海产品在营养功效方面基本相同，都是富含蛋白质、钙、磷、铁等元素的食物，并含有十分丰富的微量元素，诸如硒、碘、锰、铜等。

鱿鱼丝是一种广受人们喜爱的水产加工食品，味道鲜美、营养丰富，含有高质量的蛋白质、高度不饱和脂肪酸等多种营养物质，深受人们的青睐，具有广阔的市场前景。

鱿鱼丝属于干制品，利用热加工的方法除去原料中的水分，延长了保质期，同时结合调味的方法赋予各种风味，加工成即食食品。

三、仪器和设备

鱿鱼丝一体机、真空封口机。

四、主要原料和试剂

1. 新鲜鱿鱼。
2. 食盐、辣椒粉、胡椒粉、香菇粉、白砂糖、味精。

五、实验方法

1. 工艺流程。

原料→解冻→预处理→清洗→水煮→一次调味→干燥→水分均衡→烘烤→压延→拉丝→二次调味→烘干→称量、包装

2. 操作要点。

(1) 原料验收。选择新鲜鱿鱼(体长一般为10cm～15cm)。

(2) 预处理。在鱿鱼丝的生产中，本工序比较关键，它包括切割、剖片、消除怪酸味等步骤。一般情况下，鱿鱼胴在半解冻状态时开始处理，经冲洗后剖开腹腔，除去头部、内脏、墨囊、软骨、肉鳍，剥表皮，将鱿鱼胴切割成适合处理的小块，然后通过适当浸泡以初步除去鱿鱼胴的怪酸味。

(3) 水煮。将鱿鱼置于95℃开水内煮，时间以煮透为度，煮后进行常温冷却。

(4) 一次调味。将用食盐、辣椒粉、香菇粉、胡椒粉、白砂糖、味精等调制好的调味料与鱿鱼搅拌均匀，鱿鱼与料液比为1∶1.5，浸渍16h～24h，最好在渗透4h后翻拌一次。

(5) 干燥。要求刚推入时烘道温度为42℃，大约4h后，此时鱿鱼片表面水分已干，推出冷却1h；第二次推入后，烘道温度控制在35℃～40℃，烘至鱿鱼片水分

含量约为 40%～44%。

(6) 烘烤。一般为 120℃，烘 6min～8min，具体以鱿鱼片烤熟而不黄为度。

(7) 压延。烘烤后的鱼片乘热压延，压延时应调节好滚筒间隙，以鱼片能压开而不断为度。

(8) 拉丝。用拉丝机进行，拉丝不均匀的再用手工分丝，使丝的宽度均匀。

(9) 二次调味。按消费者口味需要采用适当调味料进行调味，调味时将调味液与鱿鱼丝搅拌均匀，调味时间 5h～8h。

(10) 烘干。用 45℃～50℃热风，烘干至规定水分要求，一般为 25%～27%。

(11) 称量、包装。鱿鱼丝拉松后必须散热，一般 1h～2h 后称量包装。

六、思考题

1. 在进行原料验收时如何保证鱿鱼的鲜度？
2. 在利用烤箱进行烘烤时，温度对鱿鱼片的质量有什么影响？

实验七　调味鱼肉脯加工

一、实验目的

1. 了解调味鱼肉脯的加工原理。
2. 通过加工调味鱼肉脯制品熟悉水产品加工的方法和操作要点。

二、实验原理

鱼肉在盐存在的情况下擂溃可以形成粘性和弹性很强的溶胶，经加工后可做成具有一定弹性的鱼脯制品。

调味鱼肉脯是以海产硬骨鱼类为原料，采用鱼所有的可食部位及骨刺，经糜制、配料、调味、成型、烘烤等工艺加工而成，营养价值高，风味独特。

三、仪器和设备

斩拌(擂溃)机、鼓风干燥箱、真空包装机等。

四、主要原料和试剂

1. 新鲜鱼。

2. 焦磷酸钠、碳酸钠、淀粉、色拉油、食盐、白砂糖、五香粉、姜粉、酱油、味精、胡椒粉、辣椒干、八角、桂皮等。

五、实验方法

1. 工艺流程。

原料→去皮→剖片→清洗→漂洗→脱水→擂溃→摊片→烘片→切片→油炸→浸汁→沥干→烘制→真空包装→预贮观察→检验→成品

2. 操作要点。

(1) 原料鱼。把新鲜或冷冻良好的草鱼洗净。如为冻草鱼,要剔除鲜度差的鱼,并在室温下用流水解冻。

(2) 去皮。将整条鱼浸入 80℃～85℃、3%的碳酸钠溶液中 10sec～15sec,然后立即放入冰水中不断搅动 3min～4min,拿出,用刀刮去鱼皮,清洗干净。

(3) 剖片。用刀垂直从鱼头部肌肉切下,并用刀沿鱼背椎骨水平方向至鱼尾剖成一片完整的鱼肉。用同样的方法得到另一片鱼肉。用清水洗净鱼腹腔内血污,并除去黑膜。注意剖片时不要将鱼胆弄破,因为草鱼鱼胆有毒,且会影响成品风味。

(4) 脱腥。将鱼肉片浸入浓度为6%的食盐溶液中,浸 30min,中间翻动 2～3 次。鱼肉与盐水之比为 1∶2,最后用流动水漂洗 2min～3min。

(5) 漂洗。将脱腥的鱼肉放水中,慢速搅拌 8min～10min,使水溶性蛋白充分溶出,静置 10min,使鱼肉充分沉淀,倾去表面漂洗液,重复操作 3 次。最后一次漂洗可用 0.15%的食盐水溶液。

(6) 脱水。可将鱼肉包在纱布里用力绞干脱水,鱼肉在脱水后要求水分含量在 80%～82%。

(7) 擂溃。分为空擂、盐擂和调味擂溃三个阶段。首先,空擂是将鱼肉放入斩拌机内粗绞一次成糜,时间为 5min。鱼糜应粗细适中,太细产品咀嚼无韧性,太粗则调味不均。其次,将 3% 食盐溶于水,加入空擂后的鱼肉中,继续搅拌研磨 10min;鱼肉变成粘性很强的溶胶。最后,先将 3%白砂糖、0.2%味精、0.2%五香粉、0.3%姜粉、0.2%焦磷酸钠溶于水,加入鱼肉中,使其与鱼肉充分搅拌均匀,时间为 3min。在调味擂溃后期,将 4%淀粉溶于水,加入鱼糜并继续搅拌均匀,时间为 3min。以上配料百分比均以占鱼肉重量计。

(8) 抹片。将鱼糜摊到模板上,要求厚薄均匀,并压紧实,表面平整,肉膜内无空隙,厚度约 2mm～3mm。

(9) 烘片。将模片置于鼓风干燥机中,在 45℃温度下烘 3h,烘至鱼片表面结膜。以人工脱模后将半干制品放到网片上，在 50℃温度下继续烘干，烘至水分含量为 20%左右取出，所需时间为 4h。

(10) 切片。将鱼片按包装规格切成小片。

(11) 油炸。将切成小片的鱼肉脯投入温度为 190℃～200℃的色拉油中，轻轻翻动，当鱼脯表面炸至呈金黄色，时间约为 5min～7min 时，即可捞出沥油。

(12) 浸汁调味。调味汁配方(以每千克鱼肉脯计)：生姜 1g、酱油 18g、白砂糖 15g、精盐 4g、味精 0.3g、胡椒粉 1g、辣椒干 1g、八角 15g、桂皮 15g、清水 300g。调味汁煮制：按配方将洗净的桂皮、八角、生姜投入锅中，加水煮沸，并保持微沸 1h，然后捞出香料，控制锅中水为 300g(已蒸发的水用开水补足)，用纱布将水过滤后，加入酱油等配料继续加热并搅拌溶解，煮沸后待用。浸汁：将油炸好的鱼脯趁热浸入调味汁中，浸泡 10sec～15sec，捞出沥干余汁。

(13) 烘制。鱼肉脯放入鼓风干燥箱中，于 100℃温度下烘至酥脆。

(14) 真空包装。将鱼肉脯装袋并计量封口。装袋时注意封口处切忌被污染，以免影响封口质量。真空包装机封口条件是：采用真空包装机Ⅲ档进行封口，热封时间为 7sec。

(15) 保温试验。真空包装好的袋子，存放于 37℃±2℃的电热恒温培养箱内保温 7 昼夜，观察包装袋的变化，是否有胖袋现象。如有应及时剔除。无变化的即可装箱入库。

六、思考题

解释鱼肉加盐擂溃形成有弹性的溶胶的机理。

实验八 鱼香肠制作

一、实验目的

1. 了解鱼香肠的制作原理。
2. 掌握鱼香肠的加工工艺及操作要点。

二、实验原理

鱼香肠是以鱼肉为主要原料，配以优质淀粉，少量畜肉及各种调料，经过配料、擂溃、充填、成形、结扎、杀菌和冷却而制成的水产方便食品。目前,制作鱼香肠的主要设备是从日本引进的鱼香肠结扎机。肠衣为无毒耐高温的复合薄膜。其特点是伸缩性好,粘合性强,耐老化,且方便卫生但价格较贵。

鱼肉香肠的加工历史虽然不长,却已受到人们广泛的喜爱。根据灌装在管内肉馅材料不同,鱼肉香肠大体上可以分为畜肉型香肠和鱼糕型香肠两类。这两类香肠,由于原料组成不同所以成品风味也不同。

1. 畜肉型香肠。以猪肉、牛肉、羊肉、鲸肉等一种或数种原料肉为主,鱼肉作为辅助材料适当添加而制成的香肠。其在风味上类似于畜肉加工制作的香肠,因此把这一类掺有鱼肉的香肠称为畜肉型香肠。

2. 鱼糕型香肠。在畜肉型香肠基础上,改变原料肉配方,以各类鱼肉为主,猪肉、牛肉、羊肉、鲸肉等作为辅助材料适量添加或不添加而制成的香肠,叫做鱼糜型香肠。鱼糜制品不但味道鲜美,还给人一种细腻、光滑、有弹性、滋味独特的口感。这两类香肠的制造流程基本上是一样的,仅在原料加工处理上有所区别。每一类香肠又可以按香肠外形不同,即直径粗细、制品长短以及形状不同,分为不同的重量规格品种。还可以采用不同调味材料制成不同口感的鱼肉香肠,以适合广大消费者的口味。另外也可以在辅助材料中增添一些强化物质,制成营养型鱼肉香肠品种。

这两种香肠中要数鱼糕型香肠更具独特风味。这是因为,鱼糕型香肠是利用鱼肉蛋白质的特性来制造的。鱼肉中通常含有70%～80%的水分,15%～20%蛋白质及若干脂肪和少量无机盐。鱼肉蛋白质有水溶性蛋白质、盐溶性蛋白质和基质蛋白质。与鱼肉香肠品质有着密切关系的是盐溶性蛋白质。盐溶性蛋白质占鱼蛋白的60%～70%,它在鱼肉中形成细长纤维状,不溶于水,但可以溶于盐类溶液。所以将细碎鱼肉加食盐擂溃以后,由于盐溶性蛋白溶解成为粘浆肉浆,成形后一经加热,蛋白质即凝固。盐溶性蛋白质虽为细长的纤维状,但这种纤维状蛋白分子互相反应,收缩后连成网状组织,变成具有弹性的鱼肉凝胶,所以鱼肉香肠的风味别具一格。

为了使鱼肉香肠的弹性特色更能体现,对于原料鱼选择是很重要的。新鲜的或冷冻的各种海水、淡水鱼类,都可以作为鱼肉香肠原料,但必须根据鱼的种类、鱼的肌肉组织中呈味物质、鱼蛋白质中盐溶性蛋白含量,以及结缔组织和肌肉纤维强弱而进行适当的搭配。其中鱼肉弹性较强的鱼种有白姑鱼、黄姑鱼、小黄鱼、大黄鱼等。制品弹性虽因鱼种不同而异,但常因鲜度不同而有很大差别,即使是肉质弹性好的鱼随着其鲜度下降,其中蛋白质逐渐分解变性,各种呈味物质也发生转化,鱼体肌肉组织弹性也就随之下降,所以要求选用比较新鲜的原料。如一般认为弹性最差的鲭鱼，若选用死后僵直前鱼肉时，加热后的鱼肉凝胶尚有良好的弹性。但新鲜的蛇鲻鱼虽为良好的原料，经过数天冷藏，就会使其形成凝胶体的功能消失。而在另一方面，黄鱼等石首科鱼类，虽其鲜度稍差，对于制品弹性却无多大影响，经冻结冷藏后也可做原料使用。这种特异性说明了加工时必须具体掌握各种鱼肉理化性能，制作时适量搭配弹性强、味道好的鱼种，这对提高制品的风味和弹性是十分重要的。

三、仪器和设备

自动充填结扎机、搅拌机等。

四、主要原料和试剂

1. 小杂鱼（白姑鱼、黄姑鱼、小黄鱼等）或鱼糜、猪肉、肠衣。

2. 板油、淀粉、食盐等。

五、实验方法

1. 工艺流程。

原料选择与整理→配料→灌肠→结扎→煮熟→冷却→干燥→成品

2. 操作要点。

（1）原料选择与整理。将原料鱼洗净后去除鳞腮再去皮去骨，用搅拌机搅打成鱼糜。

（2）配料。鱼糜 80kg，猪肉 8kg，板油 6kg，淀粉 4.5kg，食盐 1.8kg，咖喱粉 0.35kg，胡椒粉 0.05kg，味精 0.16kg。将配料掺在一起搅拌均匀。

（3）灌肠。用灌肠机将上述配好的料灌入肠衣内，两端用金属铝环结扎、密封。

（4）煮熟。需视鱼香肠的具体情况及条件而定。先将水烧开，再使水温降到 90℃左右，将香肠放入，使水温保持在 80℃～95℃之间，煮 30min～35min。也可采用二段加热法，即先于 80℃～85℃加热 30min，再将温度升至 120℃，加热 5min～25min，取出。

（5）冷却。加热后的香肠放入 20℃的水中冷却 0.5h 左右，取出。若使用天然肠衣，则需将肠衣再加热至 95℃以去除表面的皱褶。

（6）干燥。冷却后的鱼香肠沥去水分，干燥后即为成品。

六、思考题

1. 鱼香肠加工中为什么要添加一些畜肉？

2. 加热操作前应注意什么？

实验九　海苔食品加工

一、实验目的

1. 了解海苔食品的加工原理。
2. 掌握海苔食品的加工工艺及操作要点。

二、实验原理

海苔，又名紫菜、苔条、海青菜，属石莼科海藻。海苔鲜体为深绿色，干品为暗绿色。有独特的清香气味，有增香、增色、解毒、利水、降压功能。海苔盛产于东南沿海海岸，藻体全年生长，其采收期为春、冬两季。海苔的营养价值丰富，含有碘、钙、铁、维生素 A、B_1、B_2，还有矿物质和纤维素，对调节体液的平衡大有裨益。海苔中还含有大量的抗溃疡性物质，对胃溃疡患者和十二指肠患者有很大的疗效，还有解毒及增强肝脏机能的作用。多吃海苔能预防癌症，并且对有动脉硬化、多血质、眩气症、气喘的病人有很好的食疗功效。

海苔可以做烹调特色菜，还可以加在饼干、果冻、膨化食品等产品中，同时还可以凉拌生食。海苔加工产品主要有：烤海苔、味付海苔、韩式岩海苔、切条海苔、切丝海苔等。目前市场海苔做法有两种：一种是日式做法，以糖、酱油再加上调味料如香菇粉、味精等调味，吃起来较甜；另一种是韩式做法，仅以食用油加上盐、味精调味，吃起来更健康自然。现市场上绝大多数是日式海苔。

海苔加工是利用现代食品调味技术，结合食品干制加工工艺，除去食品中微生物生长、发育所必要的水分，防止食品变质。同时，原料中的各种酶类（蛋白质、脂类和碳水化合物的分解酶）也因干燥作用被抑制其活性，延长了海苔食品的保质期。

三、仪器和设备

干燥箱、组织捣碎机、旋转式压片机、蒸煮锅。

四、主要原料和试剂

1. 新鲜紫菜。
2. 食盐、辣椒粉、胡椒粉、香菇粉、味精、白砂糖、卡拉胶、海藻酸钠、食用酒精。

五、实验方法

1. 工艺流程。

海苔→清洗→沥干→脱腥→漂洗→切碎→蒸煮→捣碎→调味→装片→压片→烘烤→包装→成品→贮藏

2. 操作要点。

(1) 原料。选择新鲜度高、颜色正常、水分保持较好的海苔作为加工原料。

(2) 脱腥。将清洗、沥干后的海苔放入15%的食用酒精溶液中进行脱腥，浸泡时间10min，并不断搅拌，然后漂洗、沥干。

(3) 漂洗、切碎。将沥干的海苔用清水漂洗两次。将漂洗好的海苔切碎，越碎越好。

(4) 蒸煮。将切碎的海苔放入蒸煮锅内，蒸煮5min，然后迅速倒入冷水中，冷却后捞出。

(5) 捣碎。将冷却后的海苔放入组织捣碎机内进行粉碎，直至粉碎成糊状。

(6) 调味。将糊状物取出后进行调味，调味料组成比例为：食盐2%，味精0.05%，糖5%，辣椒粉、胡椒粉、香菇粉适量。

(7) 装片、压片。在调味后的糊状物中加入卡拉胶，充分搅拌均匀，然后将其均匀涂布于压片机托盘中，厚度4cm。压片成型。

(8) 烘烤。将成型的海苔片放于80℃的烘箱中烘烤3h，水分可降至15%以下，继续烘烤1h至水分降至6%以下。

(9) 包装。烘烤完成后迅速取出进行包装，包装袋可置食品干燥剂防止吸潮。

六、思考题

讨论脱腥的方法有哪些，并试述其各自特点。

实验十 豆豉鲮鱼罐头制作

一、实验目的

1. 了解罐头制作原理。

2. 掌握水产调味罐头的制作工艺与操作要点。

二、实验原理

图 3-5 鲮鱼

鲮鱼富含丰富的蛋白质、维生素 A、钙、镁、硒等营养元素，肉质细嫩、味道鲜美。味甘、性平、无毒，有益气血、健筋骨、通小便之功效等。

将预处理好的水产原料盐渍脱水(或油炸)后装罐并加入调味料而制成的罐头称为调味类水产罐头，这类产品又可分为红烧、茄汁、葱烤、鲜炸、五香、咖喱、豆豉等几种。豆豉鲮鱼罐头就是主要以鲜活鲮鱼为原料，配以豆豉及精炼植物油等制成。

对原料的盐渍处理，其作用是脱除部分血水和可溶性蛋白质，改变成品色泽，防止罐内血蛋白凝结；还可使鱼肉组织收缩变硬，防止鱼皮脱离，并使鱼肉吸收适量盐分。

油炸是罐头生产中使用较多的一种脱水方法，它能使原料蛋白质凝固，肉质变紧密，这样既便于装罐，又利于调味液充分渗入肌肉中，还可保证固形物含量。此外还能杀灭附着于原料表面的微生物，有助于杀菌效果的提高。

三、仪器和设备

油炸锅、夹层锅、切刀、罐头瓶等。

四、主要原料和试剂

1. 鲮鱼。
2. 食盐、酱油、白砂糖、味精、香料等。

五、实验方法

1. 工艺流程。

原料选择与整理(冻鱼解冻)→盐渍→清洗→油炸和浸调味料→装罐→排气及密封→杀菌→冷却

2. 操作要点。

(1) 原料选择与整理。条装用的鲮鱼每条重 0.11kg～0.19kg，段装用的鲮鱼每条重 0.19kg 以上。将新鲜鲮鱼去头、剖腹去内脏、去鳞、去鳍，用刀在鱼体两侧肉层厚处划 2mm～3mm 深的线，将鱼体按大小分成大、中、小三级。

(2) 盐渍。将鲮鱼 100kg 盐渍的用盐量是：4 月～10 月生产时用量为 5.5kg，

11 月～翌年 3 月生产时用量为 4.5kg。将鲮鱼和盐充分拌搓均匀后，装于桶中，上面加压重石，鱼与石之比为 1∶1.2～1.7；压石时间是：4 月～10 月为 5h～6h，11 月～翌年 3 月为 10h～12h。

(3) 清洗。盐渍完毕，移去压石后迅速将鱼取出，避免鱼在盐水中浸泡，用清水逐条洗净，刮净腹腔黑膜，最后沥干。

(4) 调味汁的配制。

① 香料水的配制。

将丁香 1.2kg，桂皮 0.9kg，甘草 0.9kg，沙姜 0.9kg，八角茴香 1.2kg，水 70kg，放入夹层锅内，微沸熬煮 4h，去渣后得香料水 65kg 备用。

② 调味汁的配制。

将香料水 10kg，与酱油 1kg，砂糖 1.5kg，味精 0.02kg 混合均匀，待充分溶解后过滤，总量调节至 12.52kg 备用。

(5) 油炸和浸调味汁。将鲮鱼投入 170℃～175℃的油中炸至鱼体呈浅茶褐色，以炸透而不过干为准。捞出沥油后，将鲮鱼放入 65℃～75℃调味汁中浸泡 40s，捞出沥干。

(6) 装罐。采用抗硫涂料罐 501 号或 603 号或者 500mL 罐头瓶。将容器清洗消毒后，按表3-3要求进行装罐。将豆豉去除杂质后水洗一次，沥水后装入罐底，然后装炸鲮鱼。鱼体大小要基本均匀，排列整齐，最后加入精致植物油，方法是：罐头净含量为 227g 的加油 51g，净含量为 300g 的加油 75g。

(7) 排气及密封。热排气罐头中心温度达 80℃以上时，趁热密封；采用真空封罐时，真空度为 0.047MPa～0.05MPa。

(8) 杀菌和冷却。杀菌公式（热排气）：10min—60min—15min/115℃。将杀菌后的罐头冷却至 40℃左右取出，擦干后入库。

表 3-3　豆豉鲮鱼罐头净含量和固形物含量

罐号	净含量		固形物						
	标明净含量(g)	允许公差(%)	含量(%)	规定质量(g)	其中鱼占		其中豆豉占		鱼允许公差(%)
					%	g	%	g	
501	227	±3.0	≥90	204	60	136	≥15	≥40	±11.0
603	227	±3.0	≥90	≥204	60	136	≥15	≥40	±11.0
500mL	300	±5.0	≥90	270	60	180	≥15	≥45	±9.0

六、思考题

1. 影响豆豉鲮鱼质量的因素有哪些？
2. 油炸调味的关键问题是什么？

实验十一　贻贝软罐头制作

一、实验目的

1. 了解贻贝软罐头制作及保藏的原理。
2. 掌握贻贝软罐头制作方法。

二、实验原理

贻贝，北方俗称“海红”、“壳菜”，南方称“淡菜”等，属软体动物门，瓣鳃纲，异柱目，贻贝族，贻贝科。贻贝科的种类甚多，仅我国沿海就有30多种，其中经济价值较高的有10多种。贻贝除自然生长外，因生命力强，容易大量人工养殖，所以是我国传统的养殖贝类。贻贝营养丰富，含有多种蛋白质、矿物质和维生素，并且含有较多的鲜味物质，如呈现鲜味的谷氨酸、体现甜味的甘氨酸、丙氨酸等多种物质，素有“海中鸡蛋”之美誉。

图3-6　贻贝

软罐头是一种新兴的罐头食品，它是用复合薄膜袋(三层袋是由“聚酯、铝箔、聚烯烃”三层复合而成；四层袋是由“聚酯、聚烯烃及尼龙、聚烯烃”复合而成)来代替金属和玻璃包装，经脱气、密封、加热杀菌等过程而得以长期保存的制品，又称蒸煮袋食品。其特点除较长时间保持食品色香味，还具有体积小、质地轻、携带方便、容易开启等优点。

三、仪器和设备

真空包装袋封口机、杀菌锅、液化气炉、不锈钢盘、天平称、不锈钢锅等。

四、主要原料和试剂

1. 翡翠贻贝。

2. 复合薄膜包装袋、白砂糖、食盐、辣椒粉、味精。

五、实验方法

1. 工艺流程。

贻贝原料→清洗→水煮→去足丝、壳肉分离→清洗贻贝肉→控水→浸渍→捞出烘干→冷却→半成品→真空包装→杀菌→冷却→保温检验→成品

2. 操作要点。

(1) 原料预处理。以当天或头一天从海上采收的鲜贻贝作为原料，清水洗涤，去掉泥沙等杂质。

(2) 水煮。在锅中加少量水煮，煮到两壳张开即可。要求急火快煮，切忌用慢火。

(3) 摘肉。逐个将贝肉摘下，尽量把闭壳肢全部取下，以保证贝肉的完整，如果贝肉上有足丝，要先将足丝去掉，再将肉摘下。

(4) 配方(按占总贝肉百分比配制)。砂糖 5%，味精 1%，食盐 1.8%～2%，辣椒粉 1%。

① 白砂糖、味精、食盐、辣椒粉混合均匀。② 控水后的贻贝肉放入调味料腌渍 1h。③ 入烘箱 60℃～70℃下烘至水分含量 50%左右，冷却后即为半成品。

(5) 真空包装。采用三层复合袋(PET/AL/CPP)，规格 130mm×170mm，计量 140g 装袋。装袋时同时注意封口处不要被汁液污染。装袋后立即进行真空密封热合，真空度控制在 0.093MPa。

(6) 杀菌与冷却。将包装好的袋迅速放入高压灭菌锅中，杀菌条件为15min—40min—15min/121℃，负压为 0.088MPa，取出后冷却至室温。

(7) 保温检验。出锅后，立即擦净袋表面水分入库，(37±2)℃下保温 7 昼夜进行检查，剔除胀袋，质检合格的，套上外包装袋，热合封口，贴上标签后即为成品。

六、思考题

1. 试讨论贻贝原料的验收和预处理如何进行。

2. 软罐头食品加工过程中影响成品率的因素有哪些？

实验十二　海鲜调味料制作

一、实验目的

1. 了解酶解法制作海鲜调味料的基本原理。
2. 掌握海鲜调味料的制作方法。

二、实验原理

水产品含有丰富的蛋白质、微量元素及生物活性物质，且有较强的适口性，其水解产物味道更好，因而深受人们的喜爱。采用酶解方法将虾水解，研制成营养丰富、味道鲜美的复合调味料，工艺简单、操作方便，可以满足人们对海鲜调味料的需求。

利用外加酶或天然酶（水产动物体内存在的酶）将水产鱼、虾、贝中的蛋白质分解成游离氨基酸及短肽，再经过浓缩、调配、装瓶、杀菌等工艺制作成营养丰富、有浓郁海鲜风味的海鲜调味料。

三、仪器和设备

搅拌机、水浴锅、封罐机、杀菌锅、液化气炉、不锈钢盘、不锈钢锅等。

四、主要原料和试剂

1. 新鲜虾。
2. 山梨酸钾、食盐、IMP、CMC、黄原胶、淀粉、味精、焦糖适量。

五、实验方法

1. 工艺流程。

原料虾→匀浆→自溶→过滤→浓缩→调 pH→调配→装瓶→封口→杀菌→成品

2. 操作要点。

(1) 匀浆。洗净的 0.5kg 虾放进搅拌机内加 0.5kg 水匀浆，之后再加 0.5kg 水。

(2) 自溶。氢氧化钠调至 pH7.5 时，加入 1%浆体的 NaCI（虾＋水）搅匀，开始加热升温，温度从 40℃起，每 30min 使浆体升温 5℃，直至 65℃止。

(3) 过滤。100 目滤布过滤，得水解液。

(4) 浓缩。将水解液浓缩至 1kg，再用柠檬酸调至 pH5.5。

(5) 调配。按顺序投入各种配料，边加热投料边搅拌。

(6) 装瓶、封口。用 250mL 汽水瓶灌装，立即封口。

(7) 杀菌。杀菌方法有两种：一是高压杀菌：10min－15min－20min/121℃，杀菌完毕，待高压杀菌锅内温度下降到 100℃以下，慢慢打开高压杀菌锅的盖子，取出产品，自然冷却；二是水浴杀菌：25min/100℃，先将水加热至 50℃，放入已装瓶封盖的产品，煮沸后达到杀菌条件开始计算时间，最后取出产品，自然冷却。

(8) 评定。对成品进行感观评定。

六、思考题

1. 酶法制作海鲜调味料的基本原理是什么？
2. 酶法制作的海鲜调味料与其他调味料相比有什么特点？

第四章 农产食品工艺实验

实验一 面包(快速发酵法)制作

一、实验目的

1. 加深理解面包生产的基本原理及其加工方法。
2. 探索不同发酵方法对产品质量的影响。

二、实验原理

面包是以小麦面粉为主要原料,以酵母、油脂、糖、食盐、鸡蛋等原料为辅料,经调粉、发酵、成型、烘烤、冷却等加工工艺而制成的具有特殊风味的焙烤食品。

面包以其蓬松、柔软、细腻的质地、金黄色的外表以及诱人的烘焙香味赢得人们的喜爱。它是一种营养丰富的方便主食。酵母菌在面包面团发酵阶段产生大量的二氧化碳气体是面包内部形成海绵状的主要原因。而面包的色泽和风味则是由于面包中的糖和蛋白质成分发生焦糖化反应、美拉德反应形成的。因此,发酵和焙烤是面包生产最重要的两个工序。

快速发酵法是制作面包的一种方法,此外还有中种法、液体发酵法、冷藏发酵法等。与其他方法相比较,快速发酵法具有加工时间短、风味较好等特点,是目前大多数工厂所采取的加工方法。

三、仪器和设备

搅拌机、半自动分割滚圆机、发酵箱、烤炉、电子秤、不锈钢切刀、烤模、烤盘、电炉等。

四、主要原料和试剂

1. 面包粉。

2. 活性干酵母、食盐、固体油脂(奶油、起酥油等)、鲜鸡蛋、糖、面包改良剂、奶粉等。

五、实验方法

1. 工艺流程。

原料预处理→调粉→发酵→整形→醒发→烘烤→冷却→成品检验

2. 操作要点。

(1) 配方(甜面包)。面包粉 100g,活性干酵母 1g～1.5g,白砂糖 15g,精盐 0.8g,鸡蛋 10g,固体油脂 15g,面包改良剂 0.1g,奶粉 4g,水 40g～50g。

(2) 原料预处理。

① 面粉的处理。面粉使用前必须过筛,使面粉形成松散而细的微粒,在过筛装置中需要增设磁块,以便吸附金属杂质。根据季节不同适当调节面粉温度,使之适合工艺要求。

② 酵母的活化。首先检查酵母是否符合质量标准,然后将酵母放在 26℃～30℃的温水中,将酵母溶化成酵母溶液,放置一段时间。

要注意切勿使酵母同油脂、浓度高的食盐溶液或浓度高的砂糖溶液直接混合,以免酵母因脱水死亡等因素而影响其正常发酵。

③ 白砂糖与糖浆的处理。白砂糖需用水溶解,再经过滤后使用。使用糖浆时也需过滤。

④ 食盐的处理。用水溶化过滤后使用。

⑤ 奶粉的处理。奶粉不可直接投入搅拌机中,以免奶粉吸水结成团块而影响面团的均匀性,应加适量水调成乳状液后加入。

(3) 调粉。先将干性原料慢速搅拌 1min～2min,再加入湿性原料慢速搅拌 2min～4min。混合均匀后加入油脂中速搅拌 2min～4min,最后再中速或高速搅拌 4min～6min。搅拌时间与面粉质量和搅拌机有关,应根据实际情况而定。

(4) 发酵。面团中插入一根温度计,放入 28℃发酵箱中的容器内,静止发酵 2h 左右,观察到发酵成熟时(发起的面团用手轻轻一按能微微塌陷)即可取出。注意发酵时面团温度不要超过 33℃,并保持相对湿度为 75%,以防止面团干裂。

(5) 整形。发酵成熟的面团用不锈钢刀切成 80g 左右生坯用手搓圆,挤压除去面团内的气体,整形后装入内壁涂有一薄层熟油的烤模中,并在生坯表面用小毛刷涂上一层糖水或全蛋液。

(6) 醒发。将装有生坯的烤盘,置于发酵箱内,控制温度为 38℃、相对湿度为 90%～95%,醒发 40min 左右。一般观察到生坯发起的最高点略高出烤盘上口即表示醒发成熟。

(7) 烘烤。醒发好的面团立即放入温度已预热至180℃左右的烤箱内。起先只开底火，不开面火，5min后再打开面火。当观察面包表面色泽略浅于应有颜色时，关掉面火，底火继续加热，此时炉温可基本保持平衡，直至面包烤熟。一般烘烤总时间为10min～15min即能成熟。需注意在烘烤过程中炉温始终应控制在200℃以内。

(8) 冷却。出炉的面包待稍冷后进行脱模，然后置于空气中自然冷却至室温后再进行检验。

六、思考题

1. 制作面包对面粉原料有何要求？为什么？
2. 糖、乳制品、蛋制品等辅料对面包质量有何影响？
3. 面团发酵时应注意什么？
4. 面包烘烤时，为什么面火要比底火迟打开一段时间？

实验二　面包的品质鉴定

一、实验目的

1. 了解食品感官检验的内容和方法。
2. 掌握面包感观鉴定的方法。

二、仪器和设备

搅拌机、半自动分割滚圆机、发酵箱、烤炉、电子秤、不锈钢切刀、烤模、烤盘、电炉、面包体积测定仪等。

三、实验方法

面包品质鉴定包括三方面内容：感观检验、理化检验和卫生检验。检验标准可参考QB1252—91。

1. 感官要求。

(1) 形态。完整，无缺损、龟裂、凹坑，形状应与品种造型相符，表面光洁，无白粉和斑点。

(2) 色泽。表面呈金黄色或淡棕色，色度均匀，无烤焦或发白现象。

(3) 气味。应具有烘烤和发酵后的面包香味并具有经调配后的芳香风味，无异味。

(4) 口感。松软适口，不粘，不牙碜，无未溶化的糖、盐颗粒。

(5) 组织。细腻、有弹性；切面上的孔大小均匀，切面呈海绵状，无明显大孔洞和局部过硬情况；切片后不断裂，并无明显掉渣。

2. 理化要求。

面包的理化指标如表 4-1 所示：

表 4-1　面包的理化指标要求

项目名称	单　位	类　别		
		普通面包	花式面包	公差
重量	面包克数/每 50g 小麦粉	70	75	±30%
比容	mL/g	3.4	3.2	—
水分	%	35～46		—
酸度	T	三次发酵法 6T，其他发酵法 4T		—

注：比容指标不适用于加盖焙烤工艺生产的面包。

3. 卫生要求。

按 GB7100 执行。本实验只进行感观检验和比容测定。

感官检验

面包的感官检验分外观检验和内质检验两部分。

外观包括体积、皮色、皮质、外形和触感等几个方面，内质包括内部组织、面包瓤颜色、触感、口感、口味和气味等方面，我们可以依照表 4-2 中的内容进行评判面包的感观质量。

表 4-2　面包感观评价标准

评价指标		性　状	得分
外观	体积	以比容评定	10 分
	皮色	表面呈金黄色或淡棕色，均匀一致，无烤焦、发白现象	10 分
	皮质	薄而匀	10 分
	外形	饱满，光泽性好，外形均整	5 分
	触感	手感柔软，有适度的弹性	5 分

续表

评价指标		性　　状	得分
内质	内部组织	蜂窝大小一致，蜂窝壁厚薄一致，以壁薄光亮者为好	10 分
	面包瓤颜色	以颜色浅、有光亮者为好	10 分
	触感	手感柔软，富有弹性	10 分
	口感	松软适口，不粘，不牙碜，无未溶化的糖、盐粗粒	10 分
	口味	无异味，有小麦粉的特殊香味	15 分
	气味	具有烘烤和发酵后的面包香味，无异味	5 分
总　　计			100 分

比容测定

参考美国小麦协会规定的办法，采用以下步骤可测得面包的比容(体积/重量)。

(1) 称取样品重量。

(2) 在 2L 容器中盛满干燥至恒重的小颗粒填充剂(如小米或菜籽)，并称取填充剂重量。然后以下式先求得填充剂的密度。

$$填充剂重量(g) \div 2000(mL) = 填充剂密度(g/mL)$$

(3) 在容器中装入一薄层填充剂，然后将测试样品放入，再将小颗粒填充剂加入容器中并摇实，最后用直尺将填充剂刮平。

(4) 取出面包，称出容器内剩余填充剂的重量，按下式可测算出面包的体积。

$$填充剂体积(mL) = \frac{填充剂质量(g)}{填充剂密度(g/mL)}$$

$$面包体积(mL) = 2000(mL)填充剂体积(mL)$$

$$比容 = \frac{面包体积(mL)}{面包重量(g)}$$

比容测定结果计算到小数点后一位，第二位四舍五入，双试验允许误差不超过 0.1，取其平均数，即为测定结果。

允许差：两次测定值之差应小于 0.1mL/g。

3. 面包比容的意义。

比容是衡量面包膨松性的重要标志。发酵优良、质地柔软的面包，比体积较大。然而比体积过大的产品也并不理想，因为可能意味着发得太大，内部瓤心孔洞较粗大，影响弹性，易断裂。

优良的主食面包，其比体积应在 3.5mL/g～4.5mL/g 之间，花色面包约为 4mL/g～5mL/g。

六、思考题

1. 感观检验对检验人员和场所有何要求？
2. 食品感观检验有哪些方法？
3. 面包品质鉴定时应注意哪些问题？

附：面包品质鉴定标准

这是由美国烘焙学院在 1937 年所设计制定的标准，把面包的品质分为外部和内部两个部分来评定，外表部分占 30%，包括体积、表皮颜色、外观样式、焙烤均匀程度、表皮质地五个部分。内部的评定占总分的 70%，包括颗粒、内部颜色、香味、味道、组织与结构五个部分。一个标准的面包很难达到 95 分以上，但最低不可低于 85 分，现将国内两部分各评分细则说明如下：

面包外部评分(满分 30 分)

(1) 体积(满分 10 分)。烤熟的面包必须要膨胀至一定的程度。膨胀过大，会影响到内部组织，使面包多孔而过分松软；如膨胀不够，也会使组织紧密，颗粒粗糙。在做烘焙实验时多采用美式不带盖的白面包来烤，而测定面包体积大小，是用“面包体积测定器”来测量。它的单位为 g/cm^3，用测出的面包体积来除以面包的重量，所得的商即为此面包的体积比(specific volume)，根据算出的体积比就可以给予体积评分。体积部分及格分是 8 分。

(2) 表皮颜色(满分 8 分)。面包表皮颜色是由于适当的烤炉温度和配方内糖的使用而产生的，正常的表皮颜色应是金黄色，顶部较深而四周较浅，正确的颜色不但使面包看起来漂亮，而且更能产生焦香味。

(3) 外表形状(满分 5 分)。正确的式样不但成为顾客选购的焦点，而且也直接影响到内部的品质。面包出炉后应端端正正，边缘部分稍呈圆形而不过于尖锐，上下两头及中央一般齐整，不可有高低不平或四角低垂等现象。两侧的一边，会因进炉后的膨胀，形成约 3cm 宽的裂痕，应呈丝状地连接顶部和侧面，不可断裂形成盖子形状，或裂面破烂不齐整等现象。

(4) 焙烤均匀程度(满分 4 分)。面包整体应具有金黄的颜色，顶部稍深而四周及底部稍浅，如果出炉后的面包上部黑而四周及底部呈白色的，则这类面包一定没有烤熟；相反，如果底部颜色太深而顶部颜色浅，则表示烘焙时所用的底火太强，这类面包多数不会膨胀得很大，而且表皮很厚，韧性过强。

(5) 表皮质地(满分 3 分)。良好的面包表皮应该薄而柔软。配方中适当的油和糖的用量以及发酵时间控制得当与否均对表皮质地有很大的影响。配方中油和糖的用量太少会使表皮厚而坚韧；发酵时间过久会产生灰白而有碎片的表皮；发酵时间不够则产生深褐色、厚而坚韧的表皮。烤炉的温度也会影响到表皮的质地，温度过低烤出的面包表皮坚韧且无光泽；温度过高则表皮焦黑而龟裂。

面包内部评分(满分 70 分)

(1) 颗粒(满分 15 分)。面包的颗粒是指断面组织的粗糙程度、面筋所形成的内部网状结构，焙烤后外观近似颗粒的形状。颗粒不但影响面包的组织，更影响面包的品质。如果面团在搅拌和发酵过程中操作得宜，此面团中的面筋所形成的网状组织就会较为细腻，烤好后面包内部的颗粒也会较细小，富有弹性和柔软性，面包在切片时不易碎裂。而如果使用面粉的筋度不够或者搅拌和发酵不当，则面筋形成的网状组织就会较为粗糙而无弹性，从而烤好后的面包形成粗糙的颗粒，冷却后切割时会有很多碎粒纷纷落下。评定颗粒的标准，原则是以颗粒大小一致，由颗粒所影响的整个面包内部组织应细腻柔软而无不规则的孔洞。

(2) 内部颜色(满分 10 分)。面包内部颜色应呈洁白或浅乳白色并有丝样的光泽，其颜色的形成多半是面粉的本色，但丝样的光泽是面筋在正确的搅拌和健全的发酵状况下才能够产生的。面包内部颜色也受到颗粒的影响。粗糙不均的颗粒或多孔的组织，会使面包受到颗粒阴影的影响变得黝暗和灰白，更谈不上会呈现丝样的光泽。

(3) 香味(满分 10 分)。面包的香味包括外皮部分在焙烤过程中所发生的羰氨反应和糖焦化作用而形成的香味成分并与小麦本身的麦香、面团发酵过程中所产生的香味物质及各种使用材料形成的香味。评定面包的香味，是将面包的横切面放在鼻前，用两手压迫面包，嗅闻所发出来的气味。如果发觉酸味很重，可能是发酵的时间过久，或是搅拌时面团的温度太高；如闻到的味道是淡淡的稍带甜味，则证明是发酵的时间不够。面包不可有霉味、油的酸败味或其他香料感染的味道。

(4) 味道(满分 20 分)。正常主食用的面包在入口咀嚼略具有咸味且面包咬入嘴内应很容易嚼碎，且不粘牙，也不可有酸和霉的味道，含有甜味的面包是作甜面包用的，主食用的面包不可太甜。

(5) 组织结构(满分 15 分)。本项也与面包的颗粒有关，搅拌适当和发酵健全的面包，内部组织结构均匀，不含蜂窝状大小的孔(法国式面包除外)。结构的好坏可用手指触摸面包的切割面，如果感到柔软、细腻，即为结构良好的面包，反之触觉感到粗糙即为结构不良的面包。

实验三　韧性饼干制作

一、实验目的

1. 掌握韧性饼干加工的基本原理及加工工艺过程。

2. 了解一些食品添加剂的性能及其在饼干生产中的应用。

二、实验原理

饼干是以中低筋面粉为主要原料，加以油脂、糖、盐、奶、蛋、水、膨松剂等辅料，经过和面、压片、成形、烘烤等加工工序，生产出来的酥脆可口的烘烤食品。

韧性饼干是饼干中非常重要的一类，与别的饼干种类相比，韧性饼干配方中的油脂和砂糖用量较少，在调制面团时，容易形成面筋。工艺上采取较高的加水量，较长时间的调粉，调制成的面团具有较高的温度，延伸性强，弹性和可塑性适中。因此韧性饼干具有层次整齐、口感松脆、重量轻等特点。

三、仪器和设备

电炉、台秤、喷水器、搅拌机、小型压面机、饼干成型模具、烤盘、远红外烤箱。

四、主要原料和试剂

1. 饼干粉。

2. 植物油、白砂糖、奶粉、香兰素、泡打粉、芝麻香精、碳酸氢铵、碳酸氢钠、单甘酯、BHT、焦亚硫酸钠、水、鸡蛋。

五、实验方法

1. 工艺流程。

原辅料预处理→面团的调制→辊轧→成型→焙烤→冷却→包装

2. 操作要点。

(1) 调粉。由于韧性面团用油量一般较少，用水量较大，可先将饼干粉 500g 加入到搅拌机中搅拌，然后将植物油 50g、白砂糖 60g、鸡蛋 1 个、奶粉 20g 等辅料加热水混合均匀后，缓慢倒入搅拌机中。焦亚硫酸钠 1g 及单甘酯 0.5g 应在面团初步形成时加入；由于韧性面团调制温度较高，疏松剂(碳酸氢铵 8g、碳酸氢钠 4g、泡打粉 2.0g)及香精(芝麻香精 2mL 与香兰素 0.5g)应在面团调制的后期加入,以减少这些成分的分解和挥发。

面团温度直接影响面团的流变学性质,根据经验,韧性面团温度一般在 38℃～40℃。面团的温度常用加入的水或糖浆的温度来调整,冬季用水或糖浆的温度为 50℃～60℃,夏季为 40℃～45℃。面团的调制时间为 30min～40min。

(2) 压片与成型。调制好的面团在其调制成熟后需静置 10min～15min,然后压片。用小型压面机的辗轧机构反复辗轧,最后压成 2mm～4mm 的面片。将轧好的面片用模具冲印成型。

(3) 摆盘。烤盘在使用前要预热,并在盘上涂抹食用油,以防粘盘;将成型饼干坯均匀地摆在盘上,坯与坯之间保持一定距离,不可太近,以防粘连。

(4) 烘烤。先对烤盘中的饼干坯喷一次雾(水)。其目的是使饼干在烘烤过程中受热均匀,防止饼干表面焦糊、中心夹生。喷雾既可延缓饼干表面成熟的速度,又可避免因炉内温度过高而引起的饼干龟裂现象。喷雾后,将烤盘放于远红外烤箱中以 180℃～220℃左右的温度烘烤 5min～10min。

(5) 冷却与包装。饼干出炉后应立即冷却,使温度降到 30℃～35℃,然后包装即为成品。

六、思考题

1. 本实验所用面粉应采用什么面粉? 为什么?
2. 面团调制过程应注意哪些问题?
3. 你认为碳酸氢钠与碳酸氢铵在饼干生产中的作用是什么?
4. 焦亚硫酸钠的作用是什么?

实验四　油蛋糕制作

一、实验目的

1. 掌握油蛋糕的加工方法及产品特点。
2. 了解油蛋糕与清蛋糕的配方和加工的异同点。

二、实验原理

油蛋糕(shorteneg cake)是一类在配方中加入较多固体油脂的蛋糕。其弹性和柔软度不如清蛋糕，但质地酥松，带有油脂的特殊香味，并具有较长的保质期。

油脂在搅拌过程中，可以冲入大量的空气，成群的脂肪球包围在气泡表面，形成较稳定而膨松的结构，这是油蛋糕形成柔软多孔质地的主要原因。也是有别于清蛋糕的地方。在搅拌过程中，油脂在面粉颗粒周围形成了一层油膜，从而阻碍了面筋性蛋白对水的吸收和面筋网络的形成，降低了面团的弹性和韧性，而提高了可塑性。造成油蛋糕形成酥松的质地。

三、仪器和设备

打蛋机、小型搅拌机、烤箱、台秤、蛋糕烤盘、小毛刷、量杯等。

四、主要原料和试剂

1. 糕点粉、鸡蛋。
2. 麦淇淋、白砂糖、精盐、蛋糕油等。

五、实验方法

1. 工艺流程(糖、油浆法)。

原料预处理→搅拌→成型→烘烤→冷却→成品检验

2. 操作要点。

(1) 将麦淇淋 70g 与白砂糖 70g、精盐 2g 一起搅拌直至呈淡黄色、蓬松而细腻的膏状。

(2) 将用打蛋机处理好的全蛋液 80g 缓缓加入到搅拌机内，并充分搅拌。

(3) 将过筛后的糕点粉 100g 轻轻地加入到上述浆料中，混合均匀即可。注意不要过分搅拌，以免形成面筋。最后加入麦淇淋 70g 和其他辅料混合均匀。

(4) 浆料倒入模具中入烤炉进行烘烤。

(5) 在温度为 170℃～200℃之间烘烤 20min～40min。

六、思考题

1. 除糖、油浆法外，还有哪些方法可以生产油蛋糕？
2. 固体油脂种类有哪些，采用那一种固体油脂生产油蛋糕最好？

实验五　乳化蛋糕制作

一、实验目的

1. 掌握乳化蛋糕的加工方法及产品特点。
2. 了解乳化蛋糕与传统清蛋糕加工方法的区别。

二、实验原理

乳化蛋糕是清蛋糕的一种，因其在配方中加入了蛋糕乳化剂(国内商品名为蛋糕油SP)而被称之为乳化蛋糕。清蛋糕又称为海绵蛋糕，它是利用鸡蛋的发泡性而使得蛋糕产品内部形成均匀、致密、多孔的结构。乳化蛋糕根据配方中鸡蛋含量的多少可分为高、中、低档蛋糕。

清蛋糕的蓬松是通过蛋液搅打(俗称打蛋)这样一种机械方式将空气引入蛋液中，并形成大量气泡。鸡蛋清中的某些蛋白质吸附在气液界面上，其亲水基朝液相，疏水基朝气相，在气泡周围形成一层蛋白质吸附层即蛋白膜，从而降低了界面张力，增加了泡沫稳定性。同时，蛋白膜对气泡的保护作用亦使气泡不易因碰撞而发生结合或破裂。此外，蛋液的粘稠性对维持泡沫的稳定性也起了一定作用。

蛋糕油具有发泡性和乳化性双重功效。即蛋糕油既可以维持泡沫体系的稳定，使产品获得均匀多孔的结构，又可以保持油、水分散体系的稳定性。它的加入还大大缩短了打蛋时间，并且改变了传统的原料配方(加入了一定的油脂和水分)和加工工艺，使蛋糕的体积、组织、口感等品质有了极大改善。

三、仪器和设备

打蛋机、小型搅拌机、烤箱、台秤、蛋糕烤盘、小毛刷、量杯等。

四、主要原料和试剂

1. 糕点粉、鸡蛋。
2. 液体油脂、白砂糖、蛋糕油、泡打粉等。

五、实验方法

1. 工艺流程。

原料预处理→打蛋→调粉→成型→烘烤→冷却→成品检验

2. 操作要点。

(1) 将全蛋液 130g 与白砂糖 80g 一起中速搅拌直至均匀。

(2) 加入蛋糕油 4g 后，再中速搅拌 3min～5min 直到蛋液发起。

(3) 将过筛后的糕点粉 100g、泡打粉 0.6g 轻轻地加入到上述浆料中，由慢速至快速搅拌 5min。然后，边搅拌边缓缓加入一定量的水高速搅拌 2min。

(4) 最后缓缓加入液体油脂 10g 慢速搅拌一定时间。

(5) 浆料倒入模具中，入烤炉进行烘烤。烤箱内温度为 170℃～200℃之间，烘烤时间 20min～40min。

六、思考题

1. 乳化蛋糕与传统的清蛋糕在配方及加工工艺上有何不同?

2. 蛋糕油的主要组成成分是什么? 讨论其作用。

实验六　广式月饼制作

一、实验目的

1. 掌握广式月饼的基本原理及一般加工过程和方法。

2. 了解糖浆类面皮的调制方法。

二、实验原理

在月饼生产中，面皮的制作主要是利用转化糖浆来进行的。蔗糖在酸的作用下水解成葡萄糖与果糖即为转化糖浆，可代替淀粉糖浆和饴糖使用，它使月饼饼皮在一定时间内保持质地松软，并且由于它的焦化作用和褐色反应，可使产品表面呈金黄色；另外，转化糖浆还起着维持饼体骨架及改善组织状态的作用。

三、仪器和设备

电炉、台秤、不锈钢锅、月饼模具、小型搅拌机、烤盘、远红外烤箱、电风扇、薄膜封口机。

四、主要原料和试剂

1. 特一粉。

2. 精炼植物油、白砂糖、麦芽糖、柠檬酸、枧水。

五、实验方法

1. 工艺流程。

熬制糖浆→制面团、制馅→分块→包馅→成型→焙烤→冷却→包装→成品

2. 操作要点。

(1) 糖浆制作。先将0.8kg清水注入锅中，加入白砂糖2kg，加热搅拌至溶解，然后将20g麦芽糖与2g柠檬酸溶解液加入其中，煮沸后改用慢火(其间要把浮面上的泡沫杂物去掉，保持糖浆的清澈透明)，再煮60min左右，起锅，储放15d～20d后使用。

(2) 皮料制作。首先将10mL枧水倒入200g植物油中，边倒入边搅拌，当液面微呈乳白色并变得粘稠时，再加入糖浆300g继续搅拌，直至看不到表面的油花。最后加入500g面粉，调制成面团，并在面团表面加盖一块干净微湿的白布，静置30min。

(3) 分块。将面团搓成条状，用刀分切成55g/个的小块，馅分切成70g/个的小块，分别进行搓圆。

(4) 包馅、成型。用手掌把皮压平，将馅料放在中央、饼皮紧贴馅料，不能留有空隙，否则内存空气会胀破饼皮；将饼模中加入少许面粉，把包好的月饼放进饼模中压实，再拿起饼模在案边上左右各敲一下，用轻力将饼拍出，排列在烤盘中。

(5) 焙烤。在远红外烤箱中，设置面火200℃，底火180℃，先烤12min待饼坯面微黄时，用全蛋液涂刷表面，刷完后转盘再烤15min左右(具体时间要视品种而定)出炉。

(6) 冷却包装。在凉冻间用电风扇强制吹风冷却，冷却后用薄膜封口机进行包装。如未冷透就包装封口则会使热气、潮气封闭在包装袋中，易导致月饼表面长霉。

六、思考题

1. 简述糖浆在广式月饼生产中的作用?

2. 防止广式月饼腐败、延长其保质期的方法有哪些?

实验七　膨化米饼制作

一、实验目的

1. 了解膨化食品的生产工艺过程和一般制作方法。
2. 了解焙烤膨化的工作原理。

二、实验原理

膨化米饼是一种日式米制产品，通常用粳米或糯米制作，目前市场上流行的各种“雪饼”即为粳米焙烤的膨化产品。在焙烤膨化制作中，饼坯在焙烤炉中的过程可划分为三个阶段，即软化段、膨化段、着色段。其过程如下：

米饼坯（加热）→饼坯软化（加热）→饼坯延展→饼坯膨化→着色→干燥硬化

↑（饼坯中的水分（气体）→汽化）　　↓（制品）

饼坯中的水分（气体）→汽化　　制品

饼坯从进入焙烤炉中开始，发生了如下变化：

（1）生坯的性质与结构状态发生了变化。生坯受热，水分温度迅速升高，淀粉凝胶开始崩解，淀粉从老化状态逐步回到糊化状态，软化为具有一定弹性和可塑性的料坯。

（2）生坯内的水分性质及空气发生变化。加热使生坯水分转变为气体迅速汽化，同时，饼坯中的空气受热体积增大，形成向外的膨胀力。温度越高，空气和水蒸气形成的膨胀压力越大，使生坯容积发生了膨胀，形成疏松多孔的成型制品。

三、仪器和设备

砂盘磨、电炉、蒸锅、筛子、米饼模子、鼓风干燥箱、远红外烤箱、喷壶。

四、主要原料和试剂

1. 大米。
2. 马铃薯淀粉、调味液。

五、实验方法

1. 工艺流程。

大米→淘洗→浸米→沥水→制粉→汽蒸→冷却→成型→干燥→烘烤→调味→成品

2. 操作要点。

(1) 淘洗、浸米、沥水。用清水将大米洗净，浸泡 6h～12h，经常换水，然后在金属丝网中沥水约 1h，沥水后的米粒水分含量为 33%左右。

(2) 制粉。用砂盘磨将沥水后的大米粉碎至 40 目细度。

(3) 汽蒸。将米粉拌入 3%的马铃薯淀粉，加 10%的水调和，放于蒸锅上在常压下蒸制 10min，使米粉糊化，糊化后米粉水分含量达 45%～48%。

(4) 冷却。将汽蒸糊化的米粉团放入容器中，外通 20℃的冷却水进行冷却，使米粉团温度降至 60℃～65℃。

(5) 成型。将米粉团揉制 3min～5min，再压片、用米饼模子制成直径约为 10cm，厚度为 2.5mm～3mm 的饼坯。

(6) 第一次干燥。采用箱式鼓风干燥机对饼坯进行干燥，热风温度 85℃，时间 2h，水分降至 18%～19%。第一次干燥后饼坯存放一段时间，待饼坯水分平衡后进行第二次干燥。

(7) 第二次干燥。采用箱式鼓风干燥机对饼坯进行第二次干燥，热风温度 80℃～85℃，使水分降低至 11%。

(8) 烘烤。用远红外烤箱对饼坯进行焙烤膨化，炉温设为 250℃，约过 2min 左右米饼坯会膨化，但刚膨化时的颜色不好，要继续焙烤对米饼进行上色。

(9) 调味。根据个人的口味不同配制调味液，将调味液喷涂在米饼表面可改善米饼口味，必要时进行再次干燥，热风温度 80℃。最终膨化米饼产品含水量在 3%左右，松脆可口，米香浓郁，是一种低热值谷物食品。

常用喷糖调味的糖浆组成：

白明胶水 200g，白砂糖粉 900g，葡萄糖粉 100g，香精适量，色素少许。

六、思考题

1. 在实验中加入马铃薯淀粉的作用是什么？
2. 膨化米饼在制作过程中会出现什么质量问题，应如何加以解决？

实验八　豆腐乳加工

一、实验目的

掌握豆腐乳的制作工艺，了解豆腐乳生产中的关键环节。

二、实验原理

豆腐乳生产最关键的技术是腐乳发酵，腐乳发酵分为前期培菌和后期发酵。前期培菌主要是培养菌系，后期发酵主要是酶系与微生物协同参与生化反应的过程。腐乳生产中的腌制也有非常重要的作用，腌坯的目的是使毛坯渗透盐分，析出水分，坯身收缩，坯体变硬。咸坯入坛后需要加酒，主要目的是利用酒精抑制微生物的生长繁殖，防止霉变；其次是利用酒精对蛋白酶的抑制作用，使蛋白酶作用变慢，促进其他生化反应，生成腐乳的香气；再次，酒精能合成酯类等芳香物质，形成腐乳独特的风味。腐乳生产中脂肪酶将脂肪水解为甘油及脂肪酸，甘油可被细菌进一步转为各种有机酸，从而为腐乳增加一定的风味。

三、仪器和设备

三角瓶、菜刀、恒温培养箱、坛子、恒温摇床、研体。

四、主要原料和试剂

1. 豆腐块。
2. 食盐、料酒、毛霉菌种、紫红曲霉菌种、面酱、蚕豆酱、黄酒、白酒。

五、实验方法

1. 工艺流程。

根霉扩大种或毛霉（→接种）　食盐（→腌坯）　各种配料（→装坛）

豆腐坯→接种→培养→搓毛→腌坯→装坛→成熟→成品

2. 操作要点。

(1) 切块。将豆腐块用刀切成 2cm×3cm×3cm 的方块，即豆腐坯。要求刀口顺直，不歪不斜、规则整齐。

(2) 制备毛霉孢子悬浮液。先将毛霉菌活化，再制成毛霉麸曲，然后加适量无菌水，制成孢子悬浮液。

(3) 接菌。将豆腐坯摆放好，每块四周留有空隙。将毛霉孢子悬浮液喷洒于豆腐坯上，放入恒温培养箱内在 28℃～30℃下培养约 48h。毛坯的培养至关重要，要求温度恒定，湿度、通风量适宜。

(4) 搓毛。将长满菌丝的白坯用手涂抹，让菌丝裹住坯体，以防腐乳烂块。

(5) 腌坯。搓毛后加盐腌坯，操作工序是：一层盐一层坯，逐层增加盐量，即按下少、中稍多、上多的原则放盐。腌渍 5d～7d 即可制成咸坯。腌坯时间和加盐量要严格把握尺度。若腌坯时间过短，则直接影响成品的风味和质地；若加盐量太少，则不能抑制杂菌生长，不利于保藏，同时也会影响成品的风味和质地；如加盐量太多，则直接影响口感，同时高盐对健康不利。

(6) 制红曲卤。先将紫红曲霉活化，再接种于三角瓶液体培养基中，于28℃～30℃恒温摇床中培养48h～72h，然后接种于已蒸好的籼米饭中，拌匀，培养3d～5d。待米粒呈紫红色后，粉碎呈粉状，即为红曲。将红曲、面酱、黄酒按1∶0.4∶4的比例浸泡2d～3d后，研磨成浆，并加适量砂糖水或其他香辛料。

(7) 制红曲酱卤。将蚕豆酱加适量凉盐开水，研磨成浆，再加入红曲卤进行勾兑调色，加入量视消费者的口味而定。并根据消费者的口味，可加入适量的辣椒、花椒或生姜、大蒜等辅料。

(8) 装坛。将腌坯每块搓开，分层装入坛内直至装满。

(9) 对汤。将红曲酱卤加入坛内以浸没为宜，再加适量蚕豆酱，表面铺薄层食盐，并加50度的白酒少许，加盖密封。

(10) 发酵。此工序为红曲酱腐乳成熟成味阶段，常温下一般需6个月。若置于25℃恒温发酵，则1个月即可成熟，进行包装后便可出售。

六、思考题

1. 豆腐乳生产发酵的机理是什么？
2. 豆腐乳生产中的腌胚工序应注意哪些问题？
3. 豆腐乳生产最容易出现哪些质量问题，应如何克服？

第五章　园产食品工艺实验

实验一　果蔬呼吸强度测定

一、实验目的

1. 了解呼吸强度测定原理。

2. 掌握呼吸强度测定方法并理解其作用。

二、实验原理

呼吸作用是果蔬采收后仍然进行的一项重要生理活动。采收后的果蔬，呼吸作用和蒸腾作用继续进行，由于水分、光合产物和矿物质的正常来源断绝，其完全依赖自身贮藏的养料和水分生存。当所需物质无法及时供应时，变质就开始了，呼吸作用强弱决定物质消耗的快慢，因此它是影响贮运效果的重要因素。测定呼吸强度可衡量呼吸作用的强弱，了解果蔬采后生理状态，为低温和气调贮运以及呼吸热计算提供必要的数据。因此，在研究或处理果蔬贮藏问题时，测定呼吸强度是经常采用的手段。

呼吸强度也称呼吸速率，它是指一定温度下，一定量的产品进行呼吸时所吸入的氧气或释放二氧化碳的量，一般单位用 mg(mL)/kg·h 来表示。由于无氧呼吸不吸入 O_2，一般用 CO_2 的生成量来表示更确切。呼吸强度高，说明呼吸旺盛，消耗的呼吸底物（糖类、蛋白质、脂肪、有机酸等）多而快，贮藏寿命会相对较短。

呼吸强度的测定通常是采用定量碱液吸收果蔬在一定时间内所释放出来的 CO_2，再用酸滴定剩余的碱，即可计算出呼吸所释放出的 CO_2 量，从而求出其呼吸强度。其单位为每千克每小时释放出 CO_2 的毫克数。

反应式如下：

$$2NaOH + CO_2 \rightarrow Na_2CO_3 + H_2O$$

$$Na_2CO_3 + BaCl_2 \rightarrow BaCO_3 \downarrow + 2NaCl$$

$$2NaOH + H_2C_2O_4 \rightarrow Na_2C_2O_4 + 2H_2O$$

呼吸强度测定可分为气流法和静置法两种。气流法设备较复杂，结果准确。静置法简便，但准确性较差。

三、仪器和设备

真空干燥器、大气采样器、吸收管、滴定管架、铁夹、25mL 滴定管、三角瓶、烧杯、培养皿、小漏斗、移液管、吸耳球、100mL 容量瓶、万用试纸、台秤。

四、主要原料和试剂

1. 香蕉、苹果、西兰花、青菜。
2. 钠石灰、氢氧化钠、草酸、饱和氯化钡溶液、酚酞指示剂、正丁醇、凡士林。

五、实验方法

1. 气流法。

气流法的特点是果蔬处在气流畅通的环境中进行呼吸，比较接近自然状态，因此，可以在恒定的条件下进行较长时间的多次连续测定。测定时使不含 CO_2 的气流通过果蔬呼吸室，将果蔬呼吸时释放的 CO_2 带入吸收管，由管中定量的碱液吸收，经过一定时间，取出碱液，用酸滴定，由碱量差值计算出 CO_2 量。

(1) 按图 5－1(暂不连接吸收管)连接好大气采样器，同时检查保证不漏气。开动大气采样器中的空气泵，在装有 20%浓度的氢氧化钠溶液的净化瓶中若有连续不断的气泡产生，说明整个系统气密性良好，否则应检查各接口是否漏气。

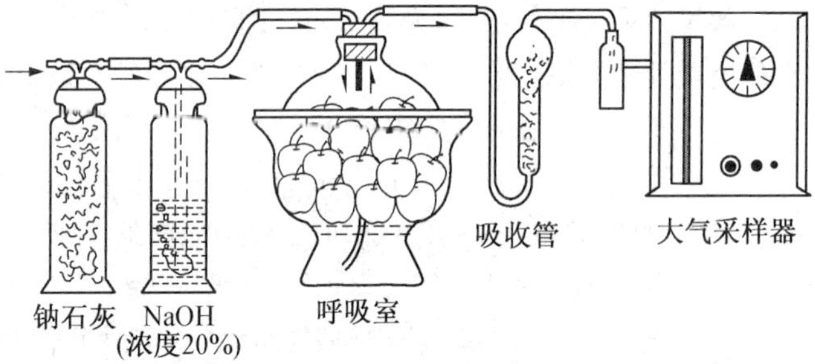

图 5－1　气流法测呼吸强度示意图

(2) 用台秤分别称取果蔬材料 1kg，放入呼吸室，先将呼吸室与安全瓶连接，拨动开关，将空气流量调节在 0.4 升/分；将定时钟旋钮逆时针方向转到 30min 处，先使呼吸室抽空平衡半小时，然后连接吸收管开始正式测定。

(3) 用移液管吸取 0.4mol/L 的氢氧化钠溶液 10mL，放入一支吸收管中；加一滴正丁醇，稍微摇动后再将其中碱液毫无损失地移到三角瓶中，用煮沸过的蒸馏水冲洗5次，直至显中性为止。加少量饱和的氯化钡溶液和酚酞指示剂2滴，然后用0.2mol/L草酸滴定至粉红色消失为止。记下滴定量，重复一次，取平均值，即为空白滴定量(V_1)。如果两次滴定相差0.1mL，必须重新滴定一次。同时取一支吸收管装好同量碱液和一滴正丁醇，放在大气采样器的管架上备用。

(4) 当呼吸室抽空半小时后，立即接上吸收管，把定时针重新转到30min处，调整流量保持0.4升/分。待样品测定半小时后，取下吸收管，将碱液移入三角瓶中，加饱和氯化钡溶液5mL和酚酞指示剂2滴，用草酸滴定，操作同空白滴定，记下滴定量(V_2)。

计算公式：

$$\text{呼吸强度}(CO_2,\text{mg/kg}\cdot\text{h})=\frac{(V_1-V_2)N\times 22}{Wh}$$

式中：N—$H_2C_2O_4$ 当量浓度，[mol/L]；

W—样品重量，[kg]；

h—测定时间，[h]；

22—CO_2 的毫克当量。

2. 静置法。

静置法比较简单，不需特殊设备。测定时将样品置于干燥器中，干燥器底部放入定量碱液，果蔬呼吸释放出的 CO_2 自然下沉而被碱液吸收，静置一定时间后取出碱液，用酸滴定，求出样品的呼吸强度。

用移液管吸取0.4mol/L的氢氧化钠溶液20mL放入培养皿中，将培养皿放进呼吸室，放置隔板，放入1kg果蔬，封盖，测定1h后取出培养皿，把碱液移入烧杯中(冲洗4～5次)，加饱和氯化钡溶液5mL和酚酞指示剂2滴，用0.2mol/L草酸滴定，用同样方法做空白滴定。计算同气流法。

六、思考题

1. 将测定的数据填入下列表中。

样品重(kg)	测定时间(h)	气流量(升/分)	0.4mol/L NaOH (mL)	0.2mol/L $H_2C_2O_4$(mL)		滴定差(V_1-V_2)(mL)	CO_2(mg/kg·h)	测定温度(℃)
				空白(V_1)	定测(V_2)			

2. 请列出计算式并计算结果。

实验二 气调保鲜

一、实验目的

1. 了解气调保鲜原理。

2. 掌握气调保鲜包装方法并了解气调包装与非气调包装对食品保存的差别。

二、实验原理

食品的变质主要是由于新鲜果蔬的呼吸作用、水分蒸发、微生物生长、食品成分的氧化及褐变等的作用，这些作用与食品贮藏环境的气体条件有密切的关系，如氧气、二氧化碳含量，湿度、温度等。若控制食品贮藏环境气体的组成便能控制果蔬的呼吸作用和蒸发作用，抑制微生物的生长，抑制食品成分的氧化或褐变，从而达到延长食品保鲜或保藏期的目的。

食品的气调保鲜的基本原理是：在一定的封闭体系内通过各种调节方式得到不同于正常大气组成或浓度的调节气体，通常组成低氧气高二氧化碳、高氮气的气体环境，以此来抑制食品本身引起的食品劣变的生理生化过程或抑制作用于食品的微生物活动过程。具体来说，气调贮藏具有几个方面的作用：

1. 降低呼吸强度。降低食品对乙烯作用的敏感性；延长叶绿素的寿命；减慢果胶的变化。

2. 减轻一定的贮藏性生理病害—冷害。果蔬的冷害是果蔬组织在冷害温度下积累乙醛、醇等有毒物质所致。通过适当的气调手段，可以从组织中排除这些物质，从而减轻冷害。

3. 抑制微生物的作用。

4. 防止虫害。

5. 抑制或延缓其他不良变化。

三、仪器和设备

气调包装机、聚乙烯薄膜袋、气相色谱。

四、主要原料和试剂

1. 甘蓝。

2. 氮气、氧气、二氧化碳。

五、实验方法

1. 选取同时采收，无病虫害、无腐烂、无机械伤，重量相同，个体差异较小的甘蓝六颗，将其中三颗甘蓝分装在三个聚乙烯薄膜袋里。

2. 将氮气、氧气及二氧化碳钢瓶阀门打开，打开气调包装机，设定二氧化碳浓度为 5%，氧气浓度为 2.5%，剩余为氮气 92.5%。

3. 薄膜袋先抽真空，然后充入各浓度设定好的气体，热封口。

4. 将充气的三袋甘蓝及另外三颗甘蓝放入 4℃冷藏，调节环境相对湿度为 85%。

5. 一个月后测定各包装袋内气体浓度，并比较和测定气调包装与非气调包装甘蓝的重量、外观、腐烂程度三项指标。

六、思考题

气调包装保鲜的原理是什么？

实验三　蘑菇罐头制作

一、实验目的

1. 了解罐藏原理。
2. 掌握蘑菇罐头制作工艺。

二、实验原理

蘑菇罐头是选用新鲜蘑菇原料，经预煮、装罐等操作后，加入稀盐水，再排气、密封、杀菌后制成。其特点是能保持新鲜蘑菇应有的风味，并大大延长其保藏期。蘑菇营养丰富、蛋白质含量较高，游离氨基酸很多，滋味鲜美，但新鲜蘑菇较易腐烂，罐藏是一种很好的保藏方法。

罐藏的基本原理是借助于排气、杀菌、密封等方法，杀灭引起腐烂及致病微生物并破坏原料组织中酶的活性，从而达到延长保质期的目的。

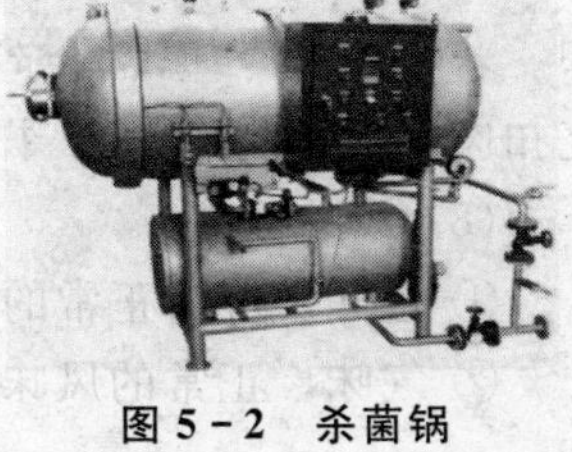
图 5－2　杀菌锅

该实验主要用到的仪器为杀菌锅(釜)，如图 5－2 所示，当温度达到杀菌公式规定的温度时，即停止加热。实验室用杀菌锅受蒸气来源限制，可选择自制蒸气式，如图所示，下罐为蒸气发生器，上罐为杀菌锅。

三、仪器和设备

卧式杀菌锅、玻璃罐(或金属罐)、刀、锅、勺、温度计、台秤。

四、主要原料和试剂

1. 蘑菇。
2. 食盐。

五、实验方法

1. 工艺流程。

原料选择→预煮→整理→盐液配制→装罐→排气、密封→杀菌及冷却→成品

2. 操作要点。

(1) 原料验收。蘑菇要求是新鲜采收，菇色正常，伞球质地厚实，未开伞的。剔除有机械伤、病虫害、褐变及霉变的蘑菇。菌柄要求切削良好，不带泥根，柄长不超过 10mm，菇盖直径不超过 40mm。

(2) 预煮。先将水煮沸，然后投入蘑菇，水量以淹没所有蘑菇为准，煮沸 5min 后迅速取出，立即放入冷水中进行冷却。

(3) 整理。剔除有破碎、菌丝黑的蘑菇和严重变色的蘑菇。

(4) 盐液配制。食盐浓度为 3%。食盐的纯度应不低于 98%，铅、铜含量不超过 1mg/kg。汤汁煮沸过滤后加入罐中，要求加入后的罐头中心温度在 50℃以上。

(5) 装罐。装罐前将蘑菇进行一次漂洗，漂去碎屑。漂洗后沥干水分、装入罐内，再注入盐液。罐内盐液要浸没蘑菇，盐液入罐温度不得低于 85℃。

(6) 排气、密封。将装好的罐头放入 82℃～98℃热水中加热，当罐中心温度达到75℃～80℃，立即密封。

(7) 杀菌与冷却。蘑菇从栽培料中易感染耐热芽孢菌，因此杀菌条件很重要，本实验间歇式杀菌的条件为：10min—30min—5min/121℃。杀菌完毕后迅速冷却。若不及时冷却，常会造成蘑菇组织软烂、色泽加深。杀菌锅的操作见实验八红烧扣肉软罐头制作中 2. 操作要点(8)杀菌与冷却。

(8) 成品标准。

① 色泽。应为正常的色泽，液体介质应为清亮或稍混浊，黄色至浅褐色。

② 气味。正常的风味和气味，不含有任何外来的气味。

六、思考题

就制作工艺来讲，影响罐头货架期的因素有哪些？

实验四　脱水蔬菜加工

一、实验目的

1. 了解热风干燥原理及过程。
2. 掌握蔬菜脱水加工方法。

二、实验原理

蔬菜脱水是指利用自然条件或人工控制的方法除去蔬菜中大部分的水分，以抑制蔬菜中微生物的生长繁殖、酶的活性和理化成分的变化，增强果蔬贮藏性能的加工及保藏方法。其主要方法有自然干制和人工干制。自然干制包括晒干、风干等；人工干制包括热风干燥、真空干燥及冷冻干燥等。

水分在生物体内具有特殊重要的生理功能。微生物的活动需要水分，与产品品质变化相关的许多酶促反应和物理化学变化也需要水分的参与或作为介质。降低产品水分含量可以有效地控制微生物活动以及由不良化学反应引起的腐败变质。

蔬菜在热风干燥过程中使用的介质为热空气。干燥介质的作用是传递能量、带走物料蒸发出来的水分。物料的水分蒸发主要依靠两种作用，水分的外扩散作用和内扩散作用。在干燥初期，首先是物料表面的水分吸收能量变为水蒸气而大量蒸发，称为水分外扩散。它取决于物料表面积、空气流速、温度和空气相对湿度。表面积越大，空气流速越快，温度愈高以及空气相对湿度越小，则水分外扩散越快。当表面积水分低于内部水分时，造成物料内部与表面水分之间的水蒸气分压差，这时水分就会由内部向表面转移，称之为水分内部移动。湿度梯度越大，水分内扩散速度就越快。影响水分内扩散的因素还有温度梯度。在物料干制过程中，有时采取升温、降温、再升温的升温模式，使得物料内部的温度高于表面温度，形成温度梯度，水分借助温度梯度沿热流方向由内向外移动而蒸发。为了使物料的水分由内部顺利地向表面扩散，再由表面蒸发，就必须使水分的内扩散与外扩散之间相互协调平衡。当水分的内扩散速度大于外扩散速度时，物料干燥速度受水分在表面汽化速度的控制，这种干燥情况称为外扩散控制。可溶性固形物含量高的原料，水分内扩散速度小于外扩散速度，这时内部水分扩散起控制作用，这种情况称为内扩散控制。

在干燥过程中，如果外扩散速度过多地超过内扩散速度，也就是物料表面水分蒸发太快将易在表面形成一层硬壳，从而隔绝水分外扩散与内扩散的联系，使内部水分需要更多的时间才能移到表面，致使干燥速度延缓，并且由于此时内部水分会偏高，蒸气压力大，使物料易发生开裂现象，从而降低干制品的品质。

三、仪器和设备

水分测定仪、干燥箱。

四、主要原料和试剂

1. 胡萝卜。
2. 氢氧化钠。

五、实验方法

1. 工艺流程。

原料选择→去皮→切片→杀青→干燥→计算得率

2. 操作要点。

(1) 原料选择。选桔红色、无开裂、无虫害的新鲜胡萝卜为宜。先将泥土洗去，去除头尾。

(2) 去皮。采用碱液法去皮，将胡萝卜放入温度为98℃，浓度为4%的 NaOH 溶液中 3min～5min，随后用清水洗去碱液与皮。

(3) 切片。去皮后将胡萝卜切成 4mm～6mm 薄片，大小相同，形状规则一致。

(4) 杀青。杀青是指将切好的胡萝卜在沸水中煮 3min～4min，随后浸入冷水中冷却。杀青的目的是破坏新鲜胡萝卜中的酶类，防止褐变等作用发生。

(5) 干燥脱水。本实验采用热风干燥。热风干燥时，最初温度为 85℃～99℃，时间为 1h；第二阶段温度为 68℃，时间为 5h，最后在 50℃～60℃下干燥，使水分含量达 5%以下。

(6) 计算脱水胡萝卜的得率。即：

得率＝干制后重量(kg)/干制前重量(kg)

六、思考题

1. 蔬菜干制方法有哪些，优缺点各是什么？
2. 温度对干制蔬菜品质有哪些影响？

实验五　菠萝果醋加工

一、实验目的

1. 了解果醋加工的原理。
2. 掌握菠萝果醋的制作方法。

二、实验原理

菠萝中含有丰富的糖质资源，是酿醋用的上等原料。与粮食醋相比，果醋不仅营养成分更为丰富，富含醋酸、琥珀酸、苹果酸、维生素及矿物质，且口感醇厚、风味浓郁、新鲜爽口、功效独特，能起到软化血管、降血压、养颜及调节体液平衡、促进体内糖代谢，分解肌肉中的乳酸和丙酮酸从而消除疲劳等作用。

果醋发酵，如采用含糖水果为原料，需经过两个阶段进行，先为酒精发酵阶段，其后为醋酸发酵阶段。果醋发酵所用菌种为醋酸菌，其形态从椭圆到杆状，有单个、成对、成链状，以鞭毛运动或不运动，不形成芽孢，以分裂方式繁殖，新陈代谢类型为异养需氧型。醋酸菌的最适生长温度为30℃～35℃。

三、仪器和设备

果汁机、广口瓶、桶（或坛）、过滤设备（如板式过滤器）。

四、主要原料和试剂

1. 菠萝。
2. 蜂蜜、果酒用活性干酵母、醋酸菌。

五、实验方法

1. 工艺流程。

原料选择→酒精发酵→醋酸发酵→陈酿→调配→精滤→杀菌→包装

2. 操作要点。

（1）原料选择。选择成熟度适宜，无虫蛀、无腐烂的新鲜的菠萝，切头去尾并去皮，用果汁机制成果汁，并以三层纱布过滤。

（2）酒精发酵。将菠萝放入消毒过的广口瓶中，加入果酒用活性干酵母，加入量为果汁量的5%～6%，发酵温度为27℃。进行第一阶段酒精发酵时，在发酵过程中应每日搅拌3次～4次，约经5d～7d发酵完成。

(3) 醋酸发酵。酒精发酵完成后，即进行第二阶段醋酸发酵。醋酸菌的用量为10%，发酵温度为34℃，在发酵过程中应每日搅拌3次～4次，发酵时间为7d左右。

(4) 陈酿。通过陈酿，果醋将变得澄清，风味更加纯正，香气更加浓郁。陈酿时将果醋装入桶或坛中，装满后密封，静置1个月～2个月完成陈酿过程。

(5) 调配。在发酵好的菠萝果醋中加入3%的蜂蜜，使风味更醇厚。

(6) 精滤。将调配好的果醋用过滤设备进行精滤。可以选用的过滤设备有板式过滤器等。

(7) 杀菌、包装。在60℃～70℃温度下杀菌10min，即可装瓶包装。

六、思考题

果醋在发酵过程中发生了哪些化学变化？

实验六 草莓果酱制作

一、实验目的

1. 了解果酱制作的原理。
2. 掌握果酱类食品的制作方法。

二、实验原理

水果中广泛存在一种成分一果胶。果胶是果酱类制品形成凝胶的主要物质。果胶是多半乳糖醛酸的长链，分子中的部分羧基为甲醇所酯化，依其分子的甲酯化程度的不同分为高甲氧基果胶和低甲氧基果胶。甲氧基含量在7%以上的为高甲氧基果胶，也叫普通果胶；甲氧基含量等于或小于7%的为低甲氧基果胶。

高甲氧基果胶是亲水性胶体物质，在其水溶液中添加一定量的糖和酸就可以形成凝胶。一般认为果胶凝胶的最佳条件是：糖含量65%～70%，pH2.8～pH3.3（相当于在成品中含柠檬酸0.7%），果胶含量0.6%～1%。在凝胶过程中，溶液中含水量对凝胶影响很大，过量的水将阻止果胶形成凝胶。果胶溶液中添加的糖在凝胶形成过程中起脱水剂的作用，酸起中和果胶胶粒表面负电荷的作用。

低甲氧基果胶由于其甲氧基含量低于7%，它形成凝胶的性质也就有了很大的改变。其凝胶的形成需要有钙、镁等高价金属离子的参与，靠离子链形成凝胶结构。低甲氧基果胶在疗效食品制造中有着特殊的用途，可用来生产低糖和低热量果酱。

三、仪器和设备

果汁机、电炉、搅拌勺、不锈钢锅、温度计、pH 计、广口瓶、台秤。

四、主要原料和试剂

1. 草莓。

2. 白砂糖、果胶、柠檬酸。

五、实验方法

1. 工艺流程。

原料选择及清洗→烫漂→破碎→加热浓缩→调酸→装罐→高温杀菌→成品

2. 操作要点。

(1) 原料选择及清洗。挑选无腐烂、无虫害的八至九成熟草莓，去除柄蒂，并在清水中清洗去掉杂质，称重。所需原料重量按如下重量百分比称量：草莓 55%、白砂糖 45%、果胶 2%。

(2) 烫漂。将清洗好的草莓放入沸水中，烫漂约 1min 左右捞出并冷却。烫漂的目的主要是钝化酶类，防止褐变。

(3) 破碎。用果汁机将烫漂冷却后的草莓搅打成浆状。

(4) 加热浓缩。将破碎后的草莓浆放入不锈钢锅中加热。果胶粉与少量白砂糖混合均匀(果胶与白砂糖比例约 1∶4)，慢慢分次加入果浆中，边加热边搅拌均匀，将剩余白砂糖加入不锈钢锅中，充分搅拌，并加热浓缩。

(5) 调酸。将柠檬酸配成 1% 的溶液，草莓浆浓缩至稠厚状时，再以配好的柠檬酸溶液调整 pH 至 3.4 左右。

(6) 装罐。将果酱趁热装入事先准备好的杀菌过的广口瓶，装满并迅速密封，以形成真空度。

(7) 高温杀菌。采用间歇式杀菌，公式为 5min～10min/100℃。冷却后得到成品。

六、思考题

果酱中为什么要添加果胶，添加量由什么决定？

实验七　猕猴桃果脯制作

一、实验目的

1. 了解果脯制作原理。

2. 掌握果脯加工方法。

二、实验原理

糖制是果蔬加工的主要方式之一。糖制品是以高浓度食糖的保藏作用为基础的一种可保藏的食品。高浓度的糖液会形成较高的渗透压,微生物由于在高渗环境中会发生生理干燥(脱水)直至质壁分离,因而生命活动受到了抑制。高浓度的糖液使水分活度大大降低,可被微生物利用的水分大为减少,此外,由于氧在糖液中的溶解度降低,也使微生物的活动受阻。从而使制品能够较长时间保存,并且具有特殊风味。

三、仪器和设备

锅、勺、糖液比重计、温度计、折光仪、台秤、电炉、真空包装机、聚乙烯薄膜袋。

四、主要原料和试剂

1. 猕猴桃。

2. 白砂糖、氢氧化钠。

五、实验方法

1. 工艺流程。

原料选择→去皮→清洗→切片→烫漂→糖渍→煮制→糖渍→烘干及整形→包装→成品

2. 操作要点。

(1) 原料选择。选用个大,八至九成熟的、具有一定硬度的新鲜果实,剔除病虫、霉烂的。

(2) 去皮清洗。用10%的氢氧化钠溶液浸泡5min后,取出清洗干净,并剥离外皮。用流动水多次清洗去皮后的猕猴桃,以除去残留碱液。

(3) 切片。将去皮清洗后的猕猴桃横切成6mm～7mm左右的片,切片厚度要求均匀。

(4) 烫漂。将切好的猕猴桃片在沸水中烫漂 2min 左右，以破坏氧化酶的活性，烫漂后迅速用水冷却。

(4) 糖渍。将猕猴桃片沥干水分，用白砂糖进行糖渍。糖的用量约为猕猴桃片重的 40%左右，分上、中、下三层铺在果片上，腌渍时间为 24h。

(5) 煮制。配制浓度为 65%的糖溶液，并加热煮沸。将糖渍好的猕猴桃片放入上述配好的糖溶液中，煮沸 2min，室温下静置 24h。增加糖溶液的浓度至 70%，第二次煮沸 2min，同样室温下静置 24h。

(6) 烘干及整形。捞起处理好的猕猴桃片，沥干糖分，均匀摊在烘盘上，摆放平整，然后进行热风干燥，温度为 55℃～60℃烘干 24h 左右。烘干后进行整形。

(7) 将烘干后的猕猴桃蜜饯冷却至室温，装袋后进行真空包装。

六、思考题

果脯制作过程中的加糖煮制有哪些方法，优缺点各是什么？

实验八　杨梅酒(发酵法)制作

一、实验目的

1. 了解水果酒酿造的原理。
2. 掌握杨梅酒的发酵法制作工艺。

二、实验原理

果酒的酿制是通过酵母将糖转化为酒精，与此同时还会生成各种副产物，例如挥发酸、高级醇、脂肪酸、酯类等。这些产物连同果汁中原有的但没有在发酵过程中耗用而剩余下来的成分，全都混合在酒液中处于相对平衡的状态，形成发酵原酒。

酒精发酵的酵母来源有两种，一种是利用附着在果实表皮上的野生酵母，另一种为人工分离、驯化培养的酵母。如果使用野生酵母进行自然发酵，则不仅发酵期长，且醋酸菌容易入侵繁殖，致使挥发酸高而影响酒质。所以一般采用人工培养酵母或活性干酵母进行发酵。

二氧化硫的添加在果酒酿造中有着不可替代的作用，它既是一种安全有效的杀菌剂，同时又对果酒的澄清、净化和发酵有良好的作用。二氧化硫在果酒中能生成亚硫酸，可增加有效酸度和增强溶解能力，并且对果酒保存具有极强的还原作用，能够阻止果浆中氧化酶对单宁素的氧化，从而提高果酒的色、香、味。

三、仪器和设备

果汁机、糖度仪、不锈钢锅。

四、主要原料和试剂

1. 新鲜杨梅。

2. 白砂糖、二氧化硫、酵母、糖度仪、果胶分解酶。

五、实验方法

1. 工艺流程。

原料选择及清洗→成分调整→前发酵→转酒→后发酵→转酒→熟成→储藏→过滤→装瓶

2. 操作要点。

(1) 原料选择。选择成熟度适宜(八至九成熟)，无腐烂、无病虫害、无霉变的杨梅，并清洗、去梗，沥干。沥干后用果汁机轻微搅碎(搅太碎不容易过滤)，并去核。

(2) 成分调整。

① 补糖。将榨好的杨梅汁补糖至 26°Brix。补糖过程中最好使用事先杀菌过的糖浆。具体做法为将糖配成 75%的糖浆，并将糖浆煮沸杀菌，冷却后加入杨梅汁中。

补糖所需糖量的计算公式如下：

需添加糖量(kg)＝果汁重量(kg)×[欲配果汁的糖度(Brix)－果汁糖度(Brix)]/[100－欲配果汁的糖度(Brix)]

② 加入偏重亚硫酸钾($K_2S_2O_5$)用量一般为 200ppm～240ppm。使用过程中应注意一定不能超过 400ppm，过量对身体有害。其用途主要是产生二氧化硫，具有抑菌、抗氧化、澄清、改善风味、改善褐变等作用。

③ 加入酵母。粉末状活性干酵母在其加工过程中经冷冻干燥处理，保藏时为低温保藏，菌种活力较低，使用前应进行活化处理。

活化步骤是：称取一份酵母，加入 5 倍～10 倍的温水温合轻微搅拌，放置室温 30min 之后再加入果胶中，但先不要搅拌，目的是使酵母先适应果胶中的环境，适应时间为 12h,12h 后再搅拌均匀。酵母使用量为万分之二或万分之三。

(3) 前发酵。温度为 21℃～23℃,发酵时间大约为 10d～14d。

(4) 转酒(也称转桶、换桶)。转酒的目的是为了清除杨梅酒中的沉淀物(俗称酒脚)。转酒完成时将酒按需添加偏重亚硫酸钾：150ppm～200ppm。

杨梅渣也可用来进行二次发酵,但需做如下成分调整：

① 加水。此时加水比例为搅拌时不会太稠或太稀为标准。

② 补糖。大约补至糖度为 18°Brix。

③ 二氧化硫。添加量为 150ppm～200ppm。

④ 酵母。万分之二或万分之三(0.2g/L～0.3g/L 的果酒中),需活化(步骤与之前的一样)。

⑤ 后发酵。发酵温度为 18℃～20℃,大约 14d。

⑥ 转酒。

a. 转酒完成时酒液需添加二氧化硫 150ppm～200ppm。

b. 转酒完的残渣可再进行蒸馏处理,把蒸馏液倒回原先的酒液中,如此可增加酒精度及成酒风味。

(5) 熟成。温度为 15℃～17℃,时间大约 3 个月,此期间若有沉淀产生就进行转酒处理。

(6) 储藏。贮藏温度为 15℃～17℃,时间大约为 3 个月

(7) 过滤。可用板式过滤器、膜过滤或用虹吸管粗过滤。

(8) 装瓶(成品)。

六、思考题

1. 依制造方法分类,水果酒的种类有哪些?

2. 简述水果酒制作过程中添加亚硫酸盐的作用是什么? 成分调整包括哪些? 作用是什么?

实验九　复合果汁型果冻制作

一、实验目的

1. 了解果冻制作的原理。

2. 掌握复合果汁型果冻加工工艺。

二、实验原理

果冻的制作原理与果酱的制作原理相同。当原料的果胶和果酸含量不足时，适量添加果胶或琼脂以及柠檬酸等酸味剂，从而使成品达到标准要求。

三、仪器和设备

果汁机、调配罐、刀具、锅、勺、托盘、台秤。

四、主要原料和试剂

1. 苹果、山楂。
2. 维生素 C、海藻酸钠。

五、实验方法

1. 工艺流程。

原料选择、清洗→果汁制备→果汁混合→溶胶→加糖、杀菌→浇模→包装→成品

2. 操作要点。

(1) 原料选择。

① 苹果：选用汁多、纤维少、无病虫害、无腐烂、酸甜度较高的国光苹果为原料。

② 山楂：选用无虫害、无腐烂、成熟度较高的鲜果。

(2) 苹果汁的制备。

① 清洗去皮。将苹果用清水清洗干净，去皮。去皮方法可以用旋皮机或者手工去皮。

② 切半、挖心、切块。将去皮后的苹果切成两半，用挖核刀挖去果心、蒂膜，用不锈钢刀切成块状。切好的苹果放入 0.1%的维生素 C 溶液中，防止褐变。

③ 榨汁、过滤。将切好的小块苹果放入果汁机榨汁。得到果汁后再用三层纱布过滤，得到苹果汁。

(3) 山楂汁的制备。

① 将选好山楂果清洗干净，去除果柄、花萼，沥干水分。

② 破碎、浸提。将完好的山楂果用果汁机进行适当破碎，将果核取出。破碎后进行果胶及其他营养物质浸提，加入果重 1.5 倍～2 倍的 60℃热水，保温 60℃浸提 6h～8h。

③ 过滤。用过滤机过滤或用三层纱布将浸提液挤压过滤。

(4) 果汁混合。将果汁按苹果汁 60%、山楂汁 40%的比例，在调配罐内搅拌 10min～15min，混合均匀。

(5) 溶胶。将混合好的果汁加热至 40℃，加入占果汁重量 0.8%的海藻酸钠，静置使胶完全溶胀。

(6) 加糖、杀菌。称取占果汁重量 40%的白砂糖，配成 85%的糖浆，加热煮沸后过滤，加入已混合好的果汁中，最后将混合好的物料放入不锈钢锅中加热，煮沸 5min。

(7) 浇模。将杀菌后的果冻配料浇入模具，冷却后包装。

六、思考题

果浆成冻机原理是什么？

实验十　泡菜制作

一、实验目的

1. 了解泡菜制作的原理。

2. 掌握传统食品泡菜的制作方法，了解微生物在制作过程中的作用。

二、实验原理

泡菜(pickle)是以各种蔬菜为原料，利用低浓度食盐水或少量食盐腌渍并经乳酸发酵制成的腌菜，是一种以湿态发酵方式加工制成的浸制品。其泡制原理主要是利用食盐的渗透压作用促使蔬菜脱水并抑制有害微生物活动，通过有益微生物发酵作用产生有机酸，发生蛋白质分解作用以及一系列生物化学物理作用，制成酸咸爽口的成熟产品。

三、仪器和设备

泡菜坛、竹片。

四、主要原料和试剂

1. 甘蓝、胡萝卜。

2. 食盐、生姜。

五、实验方法

1. 工艺流程。

原料选择→原料处理→盐水配制→装坛→发酵

2. 操作要点。

(1) 容器的选择。制备泡菜的容器应选择釉质好、无裂纹、无砂眼、吸水良好、缸音清脆的泡菜坛子。泡菜坛口小,中间部位大,坛口周围有 6cm~10cm 宽的帽边形水沟,水沟的边稍低于坛口,坛口上覆盖碗形深皿。这样,水沟中注满水后,就可隔绝空气流通。它的设计特点是使坛内产生的气体可以向外排出,而外面的气体却不能进入坛内,使泡菜坛内部可以保持嫌氧状态。

(2) 原料选择。选择鲜嫩、不枯萎、无腐烂叶、无黄叶及无病虫害的新鲜甘蓝。生姜可以切成厚度约为 3mm~6mm 的薄片后少量使用。

(3) 原料处理。新鲜的原料要整理洗涤,剔除粗筋、老叶、表皮上的病虫斑点。清洗沥干,并用手撕成较小的片。

(4) 泡菜盐水的配制。水对泡菜质量有重要影响。一般选择含矿物质较多的井水和泉水配制泡菜盐水,这样能保持泡菜成品的脆性。食盐宜用品质良好,含较少苦味物质的。盐水配制浓度为 6%,配好后加热灭菌,待冷却后方可使用。

(5) 装坛。将洗净沥干后的原料装坛,至坛口 2cm~3cm,用竹片将原料卡住,以免原料加水后漂浮,加入配制好的盐水,淹没原料。盖上坛口小碟,将坛盖钵覆盖,并在水槽中注入清水,以形成水封口。

(6) 发酵。将坛放置阴凉的地方,任其自然发酵成熟,温度是 20℃~25℃。时间为 10d 左右。发酵后,最终制成具有咸味、酸味和发酵特有风味的泡菜。

六、思考题

泡菜发酵原理是什么?

第六章　嗜好食品工艺实验

实验一　绿茶饮料制作

一、实验目的

1. 了解茶饮料加工原理。
2. 掌握茶饮料加工的方法。

二、实验原理

茶饮料具有天然、营养保健、解渴的特点。茶叶的营养十分丰富，富含蛋白质、脂肪、膳食纤维、碳水化合物、胡萝卜素、Vc、钙、铁、锌、硒。绿茶对调节人体代谢功能、增强免疫能力及预防某些疾病有重要作用。茶叶中的儿茶素具有抗氧化和抗癌、降低胆固醇、抑制血压升高、降低血糖、防止蛀牙等功效。茶叶中的茶碱具有兴奋神经、刺激大脑及强心的作用。而且，茶叶中各种营养成分大多为水溶性，可溶解于茶汤中，便于制作饮料。

三、仪器和设备

离心分离机、硅藻土过滤机、板式换热器、卧式杀菌锅、超高温灭菌机、不锈钢桶、调料罐。

四、主要原料和试剂

1. 绿茶茶叶。
2. 白砂糖、Vc、水、β—环状糊精。

五、实验方法

1. 工艺流程。

白砂糖、其他辅料→溶解过滤

↓

茶叶→挑选→浸提→调配→加热→调香→罐装→封口→杀菌→冷却→检验→装箱→入库

2. 操作要点。

(1) 挑选。茶叶原料为绿茶,选择干燥、无霉变、具有茶叶特有风味、色泽好的茶叶。

(2) 浸提。将茶叶浸泡在80℃～90℃热水中,并加入3%β－环状糊精,浸提时间5min～8min,用离心分离机分离,将两次浸提液混合。

(3) 过滤。用硅藻土过滤机对滤液进行过滤。

(4) 调配。白砂糖用70℃～80℃热水溶解过滤,打入调料罐中,按配方要求加入茶汁、Vc及其他辅料,搅拌均匀。

(5) 灭菌。采用高温瞬间灭菌,灭菌温度125℃,时间3sec。

(6) 罐装。采用马口铁易拉罐装,高温灭菌后的料液用板式换热器冷却至80℃,然后罐装封口。

(7) 杀菌。罐装后用蒸汽进行彻底灭菌,温度105℃,时间10min。

(8) 冷却。杀菌后的饮料用冷水快速冷却至室温。

(9) 检验。按标准要求对饮料进行外观、理化及卫生指标检验。

(10) 入库。检验合格的饮料装箱入库。

3. 注意要点。

(1) 水质对茶饮料质量的影响。水是茶饮料中的主要成分,水中的钙、镁、氯、铁等离子的存在会直接影响茶饮料的外观和口感。钙、镁、铁等无机离子会促进饮料浑浊及沉淀的产生,对茶饮料的颜色和口味均有不利影响。因此,茶饮料用水必须是去离子水。

(2) 浸提技术对茶饮料质量的影响。茶叶浸提的温度、浸提时间对茶叶的浸提率及茶汁的质量影响最大。浸提温度越高、浸提时间越长,则茶汁提取率越高,但温度太高、时间太长,易使类胡萝卜素、叶绿素等结构发生变化,影响茶汁色泽,同时也易使香气成分损失,茶叶苦涩味加重。浸提时要加入适量的β－环状糊精,β－环状糊精对茶汁香气具有包结作用,可降低茶汁香气的损失。经研究表明,浸提温度以80℃～85℃为宜,浸提时间第一次以8min～10min、第二次以 5min～8min 为宜。

（3）添加抗氧化剂对茶饮料质量的影响。茶饮料中含有多酚类物质，极易氧化变质。在茶饮料中加入适量的增强抗氧化剂，可有效地防止茶饮料在加工过程中及储藏过程中氧化褐变。本实验中使用 Vc 作为抗氧化剂。

（4）杀菌工艺对茶饮料质量的影响。茶饮料属于中性饮料（果味及果汁类饮料除外），一般 pH 值为 5～7，必须用高温杀菌才能保证饮料质量。但高温杀菌时间长，易使茶饮料氧化褐变，香气成分大量减少，影响了茶饮料的色泽和口感。因此，要避免高温杀菌引起茶饮料的色泽和口味的变化，最好采用超高温瞬时杀菌的方法。

（5）包装对茶饮料质量的影响。目前，国内茶饮料的包装主要有易拉罐、PET 瓶和利乐包。包装对茶饮料质量的影响主要是包装的密封性、透光性及包装物是否会与茶饮料成分发生化学反应。

① 金属易拉罐包装密封性和避光性能较好，但灌装茶饮料对内涂膜要求较严格。② PET 瓶价格便宜，密封性及透明性较好。但由于透光易引起茶饮料的色变，PET 瓶不耐高温，茶饮料在超高温瞬间灭菌后需经冷却，且要在无菌条件下灌装封口，对灌装环境、设备和技术要求较高。③ 利乐包具有良好的密封性和避光性，包装成本较低，比较适合茶饮料的包装。但采用利乐包，包装设备复杂，造价也较高。

无论茶饮料采用哪种包装材料，若采用 N_2 脱气包装方式，可有效地防止茶饮料氧化褐变和香气成分的损失。

六、思考题

为何在茶饮料灌装前后各有一次杀菌过程？

实验二　啤酒中双乙酰含量测定

一、实验目的

1. 了解啤酒中双乙酰测定的意义及方法。
2. 掌握紫外分光光度计的使用方法。

二、实验原理

啤酒作为一种营养食品，具有营养丰富、含酒精低、易为人体吸收等特点。啤酒最令消费者关注的是其风味问题。啤酒的风味物质主要由挥发性酯类、醇类、酮类、醛类以及含硫化合物组成。起重要作用的是连二酮(包括 2,3－戊二酮和双乙酰),双乙酰含量的高低已成为衡量啤酒成熟程度的重要指标之一。

双乙酰在成品啤酒中的含量,一般小于 0.2ppm。双乙酰的风味界限值为 0.15mg/L,超过此值,人们就能感到嫌忌的生酒味。优质啤酒的双乙酰含量控制在 0.1mg/L 以下,双乙酰是啤酒生产测定的重要质量参数。所以对双乙酰的测定将直接影响生产过程中双乙酰的控制。

双乙酰比色法测定的原理是:采用水蒸气蒸馏,使啤酒中双乙酰逸出,吸收在蒸馏水中;双乙酰及 2,3—戊二酮总称为连二酮,然后加入试剂邻苯二胺,遇连二酮类能发生显色反应:双乙酰＋邻苯二胺→2,3—二甲基喹喔啉,生成物的盐酸盐在 335nm 波长处有一最大吸收峰,可用作定量测定。其反应式如下:

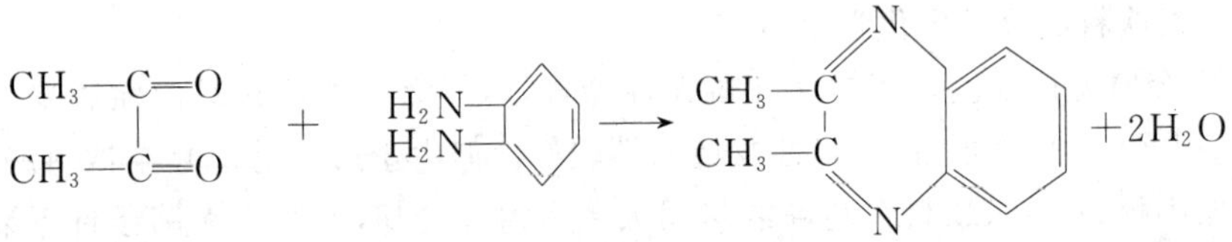

因邻苯二胺不仅与双乙酰而且和 2,3—戊二酮等均有此反应,因此,本法测得的为联二酮的总量。

三、仪器和设备

紫外分光光度计、带有加热套管的双乙酰蒸馏器、2000mL 或 3000mL 具有锥形瓶或平底蒸馏烧瓶的蒸汽发生瓶或可调温电炉。

四、主要原料和试剂

1. 啤酒。

2. 1%邻苯二胺溶液(准确称取 0.5g 邻苯二胺,溶于 4mol/L 盐酸溶液中,并以 4mol/L 盐酸溶液定容至 50mL,贮存于棕色瓶中,本试剂应当日配制)、4mol/L 盐酸溶液(量取 34mL 浓盐酸,用水稀释至 100mL)、消泡剂(有机硅消泡剂或甘油聚醚)。

五、实验方法

1. 操作要点。

(1) 蒸馏。于 25mL 量筒内加约 2.5mL 水,置于冷凝器下端,使冷凝器下端浸入水中。量取未除气的啤酒 100mL,加 2 滴～4 滴消泡剂,迅速加入到已预先加热好的蒸馏器中,继续加热蒸馏至馏出液近 25mL,取下量筒,用水定容至 25mL,混匀。蒸馏装置见图6－1。

(2) 显色。分别取 10mL 馏出液，置入试管中，第一管加入 0.5mL1%邻苯二胺溶液，第二管不加(作空白)，充分摇匀，置暗处反应 20min～30min。第一管内加 2mL 4mol/L 盐酸溶液，第二管内加2.5mL 4mol/L盐酸溶液混匀。

(3) 比色。于 335nm 波长下，2cm 的比色皿，用紫外光分光光度计测出样品和空白光密度，比色操作需在 20min 内完成。

2. 计算。

$$双乙酰(mg/L)=E335\times1.2-0.01 \qquad (2-1)$$

式中：E335—样品光密度与空白光密度之差；

1.2—校正系数(多次用纯双乙酰测得的经验数据)；

0.01—补正数(本法与 Duades 和 Drews 法比较得出的差值)。

3. 注意事项。

(1) 用分光光度法测定双乙酰，半成品酒样在取样的时候，要尽量多放一些酒样，把管道中酵母杂质冲下去，这样取来的酒样才能较为均匀，有代表性，双乙酰测定的数值才能准确。

(2) 取样后，要迅速蒸馏，免得温度升高而存放时间长，双乙酰挥发，影响双乙酰测量准确度。

(3) 蒸馏时加入试样要迅速，勿使成分损失，而且要尽快蒸出，最好在 5min 内完成。否则时间过长，影响测定数据。

(4) 蒸馏时要保持一定的流速，不要间隔，否则空气进入蒸馏器中，使酒样接触空气中的氧，发生变化而影响测定数据，如蒸馏器体积小，或消泡剂效果差时，可将 100mL 试样分两次蒸馏(接收在同一个量筒内)。调节蒸汽量，控制蒸馏强度，勿使泡沫过高而被蒸汽带出。

(5) 显色反应在暗处进行，如在光亮处易导致结果偏高。

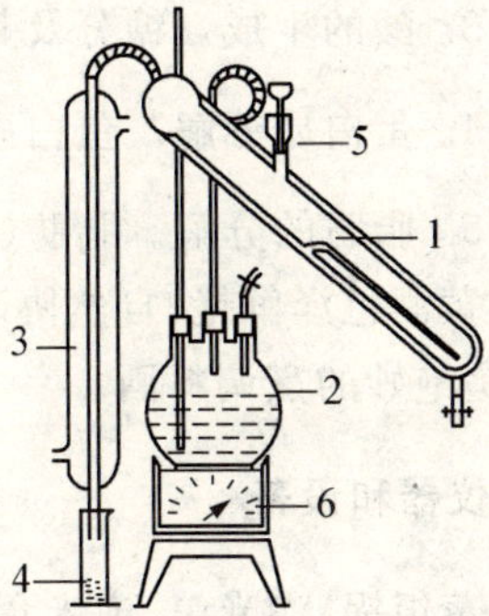

1. 夹套蒸馏器　2. 水蒸气发生器　3. 冷凝器　4. 接收量筒　5. 进样口(磨口)　6. 电炉

图 6－1　蒸馏装置图

六、思考题

测定双乙酰和其他酮类、醛类等的方法还有荧光法、气相色谱法、液相色谱法等，与它们相比较，本实验方法有哪些优缺点？

实验三　黄酒制作

一、实验目的

1. 了解黄酒制作的原理。
2. 掌握传统法生产黄酒的工艺流程和操作要点。

二、实验原理

黄酒制作是利用微生物代谢使原料中有效成分被发酵，除产生酒精外，还产生有机酸、氨基酸、杂醇油、酯类等物质。其发酵过程中成分变化复杂，主要变化如下：

1. 糖化。淀粉（米、小麦）$\xrightarrow{\text{酒药}}$糖分。

2. 酒精发酵。糖分$\xrightarrow{\text{酵母}}$酒精＋二氧化碳。

3. 酸的生成。糖分及其他$\xrightarrow{\text{酵母、霉菌、细菌}}$有机酸（乳酸、琥珀酸等）。

4. 蛋白质分解。蛋白质（米、小麦）$\xrightarrow{\text{曲、酒药}}$肽$\xrightarrow{\text{曲、酒药}}$氨基酸$\xrightarrow{\text{酵母}}$高级醇。

5. 脂肪的分解。脂肪（米、小麦）$\xrightarrow{\text{曲、酒药}}$甘油＋脂肪酸$\xrightarrow{\text{酵母}}$酯。

黄酒色泽鲜艳，自然协调，有独特的色香味，被誉为去腥解腻、增香提味的奇特酒，是绝妙的烹调料酒。

三、仪器和设备

蒸饭锅、淘米筐、泡米盒、拌料盒、发酵缸（或罐）等。

四、主要原料和试剂

1. 糯米。
2. 酒药、酵母、水适量。

五、实验方法

1. 工艺流程。

糯米→浸泡→淘洗→沥干→蒸饭→水冷→拌酒药→发酵→压榨→贮存→成品酒

2. 操作要点。

(1) 浸泡。糯米放入水糟里,用自来水浸泡10h～15h,取出沥干水分。

(2) 蒸饭。将米入屉,在常压或高压下蒸。常压蒸15min,加压蒸10min,压力掌握在68.6kPa左右。

(3) 发酵。米饭出锅,放入淘米筐中,用冷水冲洗。冷至40℃以下,拌入酒药和酵母。拌时上下调匀,用手搓碎饭团。将拌好的米饭放入缸中,品温保持23℃左右。缸的中间挖空成潭,使饭在缸周围,控制发酵温度在30℃左右,防止超过35℃。1d后潭内开始来酿,即挖空的地方有汁液。每天取其汁浇淋饭醅2次,第5天将酒醅拌匀,第7天加入100kg水,发酵10d～14d,即可上榨。

(4) 压榨。将发酵好的酒醅放入布袋,上面放上重物进行挤压,将酒液收集入坛,将坛密封贮存于阴凉处,存放两个月即成。存放时间越长,酒味越醇香。

六、思考题

请分析此工艺的特点。

实验四　巧克力制作

一、实验目的

1. 加深学生对可可脂特性的认识。
2. 掌握巧克力制作的要点。

二、实验原理

巧克力是英文"chocolate"的音译,又名朱古力,是一类以可可豆制品为基本组成的特殊含糖食品,棕褐色而有光泽,口感细腻润滑,有特殊芳香,发热量很高。巧克力的基本原料包括可可豆、可可脂、白砂糖、乳制品、香料和表面活性剂等。

巧克力的物理状态属于一种粗粒分散系统。在此系统中,脂肪是分散介质,而糖、可可和乳固体成分则作为分散相,分布在可可脂相中,同时,少量水分和空气在此体系内也是一种分散体,因此,巧克力是一种非常复杂的多相分散体系。巧克力被熔化时,细小的固体颗粒以悬浮体分散在液体脂肪相中。巧克力凝固时,脂肪重结晶形成有规律的晶格,可可、糖、乳等微小的质粒被固定在油脂晶格之间。因此精制的巧克力在高于40℃时，可看作是一种液态混合物，在常温下则又是一种固态混合物。

巧克力加工中不添加水分，成品中的水分也在1%以下，故物料的分散、成品的细腻口感都依赖精磨和精炼工艺。

三、仪器和设备

粉碎机、胶体磨、反应罐、巧克力模型。

四、主要原料和试剂

1. 低聚果糖、可可。
2. 生物碳酸钙、香料、食用明胶、大豆卵磷脂、乳化剂。

五、实验方法

1. 工艺流程。

低聚果糖、香料、乳化剂(大豆磷脂)

↓

可可→过筛→巧克力成分混合→原浆→精练巧克力物料→混合、调温→成型、冷却→包装→巧克力成品→质检

↑

乳化剂(大豆磷脂)

2. 操作要点。

(1) 混合精磨。用粉碎机将原料充分粉碎，过100目筛；将低聚果糖10kg、香料、可可14kg、乳化剂、大豆卵磷脂112g放入胶体磨内进行混合精磨，在50℃～70℃的温度条件下研磨72h，制得巧克力混合原浆，研磨后使原料达到微粒子化，乳化完全，并能去除空气、水分与挥发酸等，可使成品在模型中的流动性增强。同时在研磨期间，因各种反应而产生巧克力特有的芳香味。

(2) 精练。将生物碳酸钙加入巧克力混合原浆，通过精磨加以精练，使巧克力物料的水分含量降低。

(3) 调温。精练结束后，将料液输入具有搅拌装置的带夹套的反应罐内，进行调温工作。由于在研磨时温度较高，可可脂可以全部溶融，如果采用突然冷却，则有固体脂肪的结晶粒子析出。因此要进行加温搅拌，温度在29℃～33℃之间，这样可以使可可脂适当结晶，并充分混合在物料内。这样可以使成品巧克力质量稳定而带有光泽，并易于成型。

(4) 成型与冷却。将混合好的料液输入具有振动装置的模型内，并放入冰箱

内冷却处理，冷却温度维持在7℃～14℃之间，时间为15min左右。经过冷却处理后，就可以脱模包装。

六、思考题

讨论巧克力调温的方式。

实验五　酸豆奶冰淇淋制作

一、实验目的

1. 了解酸豆奶冰淇淋制作原理。
2. 掌握酸豆奶冰淇淋制作工艺与操作要点。

二、实验原理

豆浆的营养来源于大豆。大豆的蛋白质含量很高，约有35%～40%左右，它比各种肉类的蛋白质含量要高两三倍。除蛋白质以及钙、铁等各种微量元素和矿物质外，大豆中还含有20%左右的脂肪，其中不饱和脂肪酸高达70%～80%，另外还含有豆固醇和卵磷脂，却不含胆固醇。这些物质可以帮助人们降低血液中胆固醇的浓度，预防多种心脑血管疾病和其他慢性病。

但是大豆中没有乳糖，制作酸豆奶时必须适当添加乳糖和葡萄糖作为乳酸菌的作用底物。

冰淇淋是以饮用水、乳品(乳蛋白含量在2%以上)、蛋品、甜味料、食用油脂等为主要原料，加入适量的香料、增稠剂、着色剂、乳化剂等食品添加剂，经混合、灭菌、均质、老化、凝冻等工艺或再经成型、硬化等工艺制成的体积膨胀的冷冻饮品。其脂肪含量一般为6%～14%；蛋白质含量一般为2%～4%；总糖含量为15%～17%。本实验中即以植物蛋白代替乳蛋白。

冰淇淋的微细结构是由气相、液相与固相三相组成的。在气相中，气泡间包含着冰结晶均匀分散在冰淇淋的液相中；而固态的超微粒的蛋白质、脂肪球、乳糖结晶与部分不溶性盐类等，也以固体的形式分布于液相中。因此，冰淇淋是一种以可塑性的泡沫乳浊液结构为主要特征的三相多分散体系。稳定剂的存在，使其分散状态更均匀、细腻，从而使制品更具有良好的适口性、保形性和融解性。

三、仪器和设备

果汁机、均质机、高剪切分散乳化机、培养箱、直线冰淇淋机。

四、主要原料和试剂

黄豆、奶粉、乳糖、葡萄糖、白砂糖、复合稳定剂、乳酸菌种、棕榈油。

五、实验方法

1. 工艺流程。

黄豆→浸泡→磨浆→煮浆→均质→配料→豆乳发酵→培养箱培养→配料→搅拌→老化(0℃～4℃)→凝结→软质冰淇淋→硬化

2. 操作要点。

(1) 浸泡。将 600g 黄豆用 1800mL 水浸泡 12h 以上。

(2) 磨浆。按豆∶水＝1∶6 的比例磨制豆浆,并用三层纱布过滤。

(3) 煮浆。煮浆的目的是使黄豆脱腥、灭酶。温度 85℃,时间 5min。

(4) 均质。均质时条件:压力 240MPa,进料温度 65.4℃,出料温度 39.8℃。均质将使豆浆变得细腻、润滑。

(5) 豆乳发酵。均质后,加入乳糖和葡萄糖各 3%,乳酸菌菌种 1.5%～2%。加乳糖是因为乳酸菌发酵所需且豆浆中不含乳糖。

(6) 培养箱培养。豆乳放入培养箱中,42℃下培养 4.5h。

(7) 调配。将 0.45%的复合稳定剂和 1%的白砂糖加入溶化后的 8%的棕榈油中;将 10%的白砂糖和 400g 奶粉溶于水中,最后将以上配方材料都加入到物料中。

(8) 老化。将物料置于 4℃冰箱中 2h,固形物含量大于 30%时,老化 0.5h 即可。

(9) 凝结。边冷冻边搅拌,形成气泡和小冰晶,使体积增加。

(10) 硬化。在－25℃以下冻结,当产品中心温度达到－15℃后,置于－18℃冷藏。

六、思考题

1. 加入稳定剂时为什么要与白砂糖混合?

2. 豆浆灭菌时的温度是多少,为什么选这个温度?

参考文献

[1] 郑春源. 水产品保鲜与加工[M]. 广州:广东科学技术出版社,1987.
[2] 林洪,等. 水产品保鲜技术[M]. 北京:中国轻工业出版社,2001.
[3] 须山三千三,等. 水产食品学[M]. 吴光红,译. 上海:上海科学技术出版社,1990.
[4] 吴光红,等. 水产品加工工艺与配方[M]. 北京:科学技术文献出版社,2001.
[5] 鸿巢章二,等. 水产利用化学[M]. 郭晓风,等,译. 北京:农业出版社,1994.
[6] 陈焕铨,等. 水产品简易加工[M]. 北京:中国食品出版社,1987.
[7] 沈月新. 水产品食品学[M]. 北京:中国农业出版社,2001.
[8] 冯志哲,等. 食品冷藏学[M]. 北京:中国轻工业出版社,2001.
[9] 纪家笙,等. 水产品工业手册[M]. 北京:中国轻工业出版社,1999.
[10] 杨邦英. 罐头工业手册[M]. 北京:中国轻工业出版社,2002.
[11] 宋文铎. 海产品加工技术[M]. 北京: 农业出版社, 1996.
[12] 技术委员会秘书处. 食品国家标准和行业标准目录[M]. 北京:中国标准出版社,2007.
[13] 史贤林. 化工原理实验[M]. 上海:华东理工大学出版社,2005.
[14] 姚玉英. 化工原理[M]. 天津:天津大学出版社,2005.
[15] 天津大学化工技术基础实验教研室. 化工基础实验技术[M]. 天津:天津大学出版社,1989.
[16] 大连理工大学化工原理教研室. 化工原理实验[M]. 大连:大连理工大学出版社,2002.
[17] 曾寿瀛. 现代乳与乳制品加工技术[M]. 北京:中国农业出版社,2003.
[18] 李里特,等. 焙烤食品工艺学[M]. 北京:中国轻工业出版社,2000.